畜禽养殖主推技术丛书

肉羊养殖主推技术

U0320850

付殿国　杨军香　主编

中国农业科学技术出版社

图书在版编目 (CIP) 数据

肉羊养殖主推技术 ／ 付殿国，杨军香主编 . —北京 ： 中国农业科学技术出版社 ， 2013.5

（畜禽养殖主推技术丛书）

ISBN 978-7-5116-1220-5

Ⅰ . ①肉… Ⅱ . ①付… ②杨… Ⅲ . ①肉用羊－饲养管理 Ⅳ . ① S826.9

中国版本图书馆 CIP 数据核字 (2013) 第 039912 号

责任编辑	闫庆健　　范　潇
责任校对	贾晓红

出 版 者	中国农业科学技术出版社
	北京市中关村南大街 12 号　　　　邮编：100081
电 话	(010) 82106632（编辑室）　(010) 82109704（发行部）
	(010) 82109709（读者服务部）
传 真	(010) 82106625
网 址	http://www.castp.cn
经 销 商	各地新华书店
印 刷 者	北京科信印刷有限公司
开 本	787 mm×1 092 mm　1/16
印 张	9.25
字 数	219 千字
版 次	2013 年 5 月第 1 版　2016 年 10 月第 4 次印刷
定 价	39.80 元

我国养羊历史悠久，品种资源丰富，草原辽阔，草山草坡面积大，农作物副产品丰富，发展养羊业有着较大的潜力。改革开放 30 多年来，随着国民经济的发展和人民生活水平的提高，畜牧业结构的不断优化升级，为养羊业的发展提供了良好的发展机遇，极大地促进了我国肉羊产业的发展。尤其是近几年来，国家实施了良种补贴、标准化示范创建等一系列扶持养羊业的政策与活动，使我国的肉羊产业发生了质的跨跃，其主要特征：一是肉羊养殖区域性十分明显，形成了以内蒙古自治区（以下全书称内蒙古）、新疆维吾尔自治区（以下全书称新疆）、山东、河北、河南、四川、甘肃等省区的肉羊主产区；二是肉羊规模化养殖比重不断提高，2011 年，年出栏 30 只以上的规模养殖户达 193 万个，规模养殖比例达 51.14%，比 2010 年提高了 2.33 个百分点；三是产业发展十分迅速，2011 年我国羊存栏 28235.8 万只，出栏 26661.5 万只，羊肉产量达 393.1 万吨，占肉类总产量的 4.9%。但值得我们高度关注的是，我国的肉羊产业在品种资源、良种化程度、个体生产性能、标准化规模饲养、产品质量、产业化程度等方面与发达国家相比仍存在较大差距。要进一步提升肉羊生产发展水平，最有效的措施就是加快科技进步，推进肉羊标准化规模养殖。

为了进一步推动肉羊标准化规模养殖，促进肉羊产业生产方式转变，加快科技成果转化，全国畜牧总站组织各省畜牧总站、高校、研究院所的专家 20 余人，经过会议讨论、现场调研考察等途径，深入了解分析制约我国肉羊产业健

前言

Preface

康发展的关键问题，认真梳理肉羊产业的技术需求，总结归纳了大量的肉羊养殖典型案例，从而凝练提出了针对不同养殖环节适宜推广的主推技术，编写了《肉羊养殖主推技术》一书。该书主要内容包括我国肉羊的优良品种及其利用技术、肉羊繁殖新技术、肉羊饲草料利用及加工技术、肉羊养殖环境控制技术、肉羊饲养管理技术和肉羊常见病防治技术 6 个方面共 21 项主要技术。对于提高我国肉羊的标准化养殖水平，提升基层畜牧技术推广人员的科技服务能力和养殖者生产管理水平具有重要的指导意义和促进作用。

该书图文并茂，内容深入浅出，介绍的技术具有先进、适用的特点，可操作性强，是各级畜牧科技人员和养殖场（户）生产管理人员的实用参考书。

参与本书编写工作的有各省畜牧技术推广部门、科研院校的专家学者，由于编写时间仓促，书中难免有疏漏之处，敬请批评指正。

编者

2013 年 3 月

Contents 目录

目录 **C**ontents

Contents

目录 Contents

第一章 肉羊优良品种遗传改良技术

第一节 主要的肉羊品种

一、主要绵羊品种

（一）湖羊

1. 主产地

主要产于浙江省西部、江苏省南部的太湖流域地区。

2. 外貌特征

耳大下垂，眼微突，鼻梁隆起，公羊、母羊均无角。体躯长，胸部较窄，四肢结实，母羊乳房发达。小脂尾呈扁圆形，尾尖上翘。被毛白色，初生羔羊被毛呈美观的水波纹状。成年羊腹部无覆盖毛（图1-1至图1-3）。

图1-1 湖羊公羊　　　　图1-2 湖羊母羊　　　　图1-3 湖羊群体

3. 生产性能

湖羊周岁公羊平均体重为35千克，母羊为26千克。成年公羊体重为49千克，成年母羊体重为37千克。剪毛量公羊平均为1.5千克、母羊为1千克。毛长12厘米，净毛率50%。屠宰率公羊48.51%、母羊为49.41%。早期生长发育快，性成熟早，四季发情，多胎多产。在正常情况下，母羊5个月龄性成熟。成年母羊四季发情，大多数集中在春末初秋时节，部分母羊一年两产或两年三产。产羔率随胎次而增加，一般每胎产羔2只以上，产羔率230%～270%。

4. 利用价值

湖羊初生羔羊皮呈水波状花纹，是优良羔皮羊品种。产肉性能较好，可发展羔羊肉生产。具有可培育肉羊新品种的优良特性，因此湖羊可作很好的母本素材。

（二）滩羊

1. 主产地

滩羊起源于我国三大地方绵羊品种之一的蒙古羊，在当地的自然资源和气候条件下，经风土驯化和选育形成的一个特殊绵羊品种，是我国特有的名贵裘皮用绵羊品种。主要产于宁夏贺兰山东麓的银川市附近各县，分布于宁夏、甘肃、内蒙古自治区、陕西及宁夏回族自治区相毗邻的部分地区。

2. 外貌特征

滩羊体格中等，体质结实。鼻梁稍隆起，耳有大、中、小3种，公羊角呈螺旋形向外伸展，母羊一般无角或有小角。背腰平直，胸较深。四肢端正，蹄质结实。属脂尾羊，尾根部宽大，尾尖细呈三角形，下垂过飞节。体躯毛色纯白，多数头部有褐、黑、黄色斑块。毛被中有髓毛细长柔软，无髓毛含量适中，无干死毛，毛股明显，呈长毛辫状。滩羊羔初生时从头至尾部和四肢都长有较长并具有波浪形弯曲的结实毛股。随着日龄的增长和绒毛的增多，毛股逐渐变粗、变长，花穗更为紧实美观。到1月龄左右宰剥的毛皮称为"二毛皮"。二毛期过后随着毛股的增长，花穗日趋松散，二毛皮的优良特性即逐渐消失。成年滩羊公羊平均体高为65.59厘米，体长75.52厘米，胸围80.95厘米，成年滩羊母羊平均体高61.79厘米，体长71.65厘米，胸围76.52厘米（图1-4至图1-6）。

图1-4 滩羊公羊　　　　图1-5 滩羊母羊　　　　图1-6 滩羊群体

3. 生产性能

滩羊二毛皮皮板弹性好，致密结实，皮板厚度平均为0.78毫米，每平方厘米平均有毛2254根。鞣制好的二毛裘皮平均重为0.35千克。滩羊每年剪毛两次，公羊为1.6～2.0千克、1.3～1.8千克，净毛率65%左右，含脂率约7%；母羊为1.50～1.80千克，净毛率为65%左右，含脂率约为7%。成年公羊体重46.85千克、成年母羊体重35.26千克。成年褐羊胴体重17～25千克，屠宰率为45%左右。淘汰母羊胴体重15～20千克，屠宰率为40%左右。二毛羔羊胴体重3～5千克，屠宰率为48%左右。产羔率为101%～103%。

4. 利用价值

滩羊的主要产品是滩羊二毛皮、滩羔皮和滩羊毛、肉。滩羊皮具有毛股弯曲明显、花案清晰、毛股根部柔软可以纵横倒置、轻暖美观的特点，是制做轻裘的上等原料。滩羊毛属于粗毛型，纤维细长均匀，柔软，自然弯曲，富有光泽和弹性，是优质地毯毛和纺线毛，用其制成的提花毛毯和仿古地毯深受国内外广大消费者的青睐和喜欢。滩羊肉质细嫩，脂肪分布均匀，无膻味，为我国最佳羊肉之一，稍加催肥而宰剥二毛皮后的羔羊肉，更是鲜美多汁，别有风味，为肥羔中的上品。

（三）小尾寒羊

1. 主产地

小尾寒羊主要产于河北省沧州、邢台，河南省东部及山东省的西南部地区。山东省西南部所产的羊较优。

2. 外貌特征

小尾寒羊被毛白色。鼻梁隆起，耳大下垂，公羊有大的螺旋形角，母羊有小角或姜形角。公羊前胸较深，鬐甲高，背腰平直，体躯高大，前后躯发育匀称，四肢粗壮，蹄质坚实。母羊体躯略呈扁形，乳房发达。小脂尾呈椭圆形（图1-7至图1-9）。

图1-7 小尾寒羊公羊　　图1-8 小尾寒羊母羊　　图1-9 小尾寒羊群体

3. 生产性能

小尾寒羊成熟早，繁殖率高，5～6个月龄就发情，当年可产羔。母羊常年发情，多集中在春秋两季，有部分母羊1年可2产或2年3产。产羔率依胎次增加而提高。产羔率为260%～270%。在正常放牧条件下，公羔日增重为160克、母羔为115克；改善饲养条件的情况下，日增重可达200克以上。周岁育肥公羊宰前活重平均为72.8千克，胴体重平均为40.48千克，屠宰率为55.6%，净肉重平均为33.41千克，净肉率为45.89%。剪毛量公羊为3.5千克、母羊为2千克；毛长公羊为13厘米、母羊为11.5厘米。周岁前生长发育快，具有较大产肉潜力。

4. 利用价值

小尾寒羊因具有优于其他绵羊品种的特性，所以，从20世纪80年代以来，已推广到东北、华北、西北、西南地区20多个省、自治区饲养。该品种是我国发展肉羊生产或引用肉羊品种杂交培育肉羊品种的优良母本素材，要充分利用该品种羊多胎的特性发展羔羊肉生产。青海省存栏约16万只，内蒙古小尾寒羊数量约有1000万只，目前，大都利用多赛特、萨福克、特克赛尔羊等品种进行杂交，利用杂种优势生产肥羔，提高产肉性能和肉的品质。

（四）东北细毛羊

1. 主产地

东北细毛羊是东北三省采取联合育种方式共同育成的。1953年引入含有兰布利、美利奴羊血统的半粗毛、半细毛和少数同质细毛的杂种母羊，同前苏联美利奴品种公羊杂交，又分别用前苏联美利奴、高加索细毛羊、阿斯卡尼羊和斯达夫细毛羊等品种公羊杂交，于1967年培育成功。

2. 外貌特征

东北细毛羊全身被毛为白色，体质结实，结构匀称，体躯长，体躯无皱褶，后躯丰满，肢势端正。羊毛覆盖头至两眼连线，前肢达腕关节，后躯达飞节，腹毛呈毛丛结构。公羊有螺旋形角，母羊无角。公羊颈部有 1～2 个完全或不完全的横皱褶，母羊颈部有发达的纵皱褶。成年公羊平均体高 74.3 厘米，体斜长 80.6 厘米。成年母羊体高 67.5 厘米，体斜长 72.3 厘米（图 1-10 至图 1-12）。

图 1-10 东北细毛羊公羊　图 1-11 东北细毛羊母羊　图 1-12 东北细毛羊群体

3. 生产性能

育成公羊产毛 7.15 千克，成年公羊产毛 13.44 千克。纤维自然长 9.33 厘米。育成母羊产毛 6.58 千克，成年母羊产毛 6.10 千克，纤维自然长度 7.37 厘米，细度为 60 支以上。成年公羊平均体重 83.66 千克，成年母羊平均体重 45.03 千克。屠宰率成年公羊为 43.6%，不带羔成年母羊为 52.4%，10～12 个月龄当年公羔为 38.8%。初产母羊的产羔率为 111%，经产母羊为 125%。

4. 利用价值

用东北细毛羊作母本，用南非肉用美利奴羊为父本进行杂交改良，其子代仍保持东北细毛羊的产毛性能，毛长度 13.64 厘米，细度可达 21.58 微米，而产肉性能明显提高，平均日增重达 233.58 克，宰前活重平均 55.54 千克，屠宰率平均为 49.84%，胴体净肉率平均为 78.99%。

（五）乌珠穆沁羊

1. 主产地

乌珠穆沁羊是蒙古羊的优良类群之一，是在乌珠穆沁草原特定生态条件下，经过长期的自然选择和人工选择，逐渐形成的蒙古羊系统中的一个优良类群，属于粗毛短脂尾型肉用绵羊。产于内蒙古锡林郭勒盟东北部乌珠穆沁草原，现主要分布在东乌珠穆沁旗、西乌珠穆沁旗、锡林浩特市、乌拉盖农垦管理区，在内蒙古通辽市、赤峰市与之接壤的牧区有分布，其他地区亦有数量不等的群体存在。目前，在中心产区约存栏 330 万只。

2. 外貌特征

乌珠穆沁羊体躯被毛颜色全部为白色，被毛长，肤色为粉色。体躯较长，呈长方形，后驱发育良好，胸宽深，肋骨开张良好，背腰平直。尻部下斜。四肢端正而坚实有力，前肢腕关节发达。头部、颈部、眼圈、嘴桶多为有色毛。头大小适中，额较宽，鼻隆起。眼大而突出，母羊角纤细，公羊角粗壮，两角向前上方弯曲呈螺旋形角。耳小呈半下垂。颈形状短粗，颈基粗壮，公羊颈粗而短，母羊颈相对细长，公母羊均无皱褶和肉垂。短脂尾，肥厚而充实、尾大而短。骨骼粗壮，肌肉丰满，发育良好（图 1-13 至图 1-15）。

图 1-13 乌珠穆沁羊公羊　　图 1-14 乌珠穆沁羊母羊　　图 1-15 乌珠穆沁羊群体

3. 生产性能

成年公羊体重 77.63 千克，成年母羊体重 59.25 千克，屠宰率为 52.01%，净肉率 46.0%。产羔率为 113%。

4. 利用价值

乌珠穆沁羊具有体格大、活重高、产肉多、脂尾重，肉质鲜美、无膻味；生长发育快、成熟早；放牧抓膘能力强，耐粗放管理；母性好；抗逆性强等特点。非常适合在天然草原上常年放牧饲养，饲养成本低，经济效益高，并且易管理，省事省力。在正常年景下，完全可以全年放牧饲养，只有在冬春遇到风雪灾害天气，需要适当补饲青干草，每只羊 1.0～1.5 千克／天即可。怀孕和哺乳母羊视膘情补饲玉米等精料 0.2 千克／天即可。内蒙古很多地区作为胚胎移植受体羊。

（六）苏尼特羊

1. 主产地

苏尼特羊是蒙古羊的优秀类群之一，属粗毛短脂尾型绵羊。中心产区在锡林郭勒盟的苏尼特左旗和苏尼特右旗，其余分布在乌兰察布市的四子王旗、包头市的达尔罕茂明安联合旗和巴彦淖尔市的乌拉特中旗和乌拉特后旗，其他地区亦有数量不等的存在。目前，存栏 220.6 万只。

2. 外貌特征

苏尼特羊体躯宽长，呈长方形，胸宽而深，肋骨开张良好，背腰平直，尻斜，后躯发达，大腿肌肉丰满。被毛颜色全部多为白色，异质粗毛，被毛长，肤色为粉色。头颈部多为有色毛。皮肤致密而富有弹性，被毛厚密而绒多。头大小适中，略显狭长。额较宽，颈部粗，鼻梁隆起。眼大而突出，多数个体头顶毛发达。母羊角纤细，公羊角粗壮，耳小呈半下垂。

公羊颈粗而短，母羊颈相对细而长，公母羊均无皱褶和肉垂。四肢细长而强健，蹄质坚实呈褐色；短脂尾，尾长一般大于尾宽，有的尾尖卷曲呈"S"形（图1-16至图1-18）。

图1-16 苏尼特羊公羊　　　图1-17 苏尼特羊母羊　　　图1-18 苏尼特羊群体

3. 生产性能

成年公羊体重82.2千克，成年母羊体重52.9千克。屠宰率54.3%，净肉率45.3%。产羔率113%。

4. 利用价值

苏尼特羊非常适合在天然草原上常年放牧饲养，耐粗饲、抗逆性强，具有良好的放牧采食，抓膘能力。饲养成本低，经济效益高，并且易管理，省事省力。在正常情况下，完全可以全年放牧饲养，只有在冬春遇到风雪灾害天气，需要适当补饲青干草，每只羊约1.0～1.5千克/天即可。怀孕和哺乳母羊视膘情每天补饲玉米等精料0.2千克。苏尼特羊产肉性能好，瘦肉率高，含蛋白多，低脂肪，富有人体所需的各种氨基酸和脂肪酸，是"涮羊肉"的最佳原料，深受国内外用户的好评。

（七）巴美肉羊

1. 主产地

巴美肉羊是内蒙古自治区自主培育的第一个专门化肉用羊新品种，2007年通过国家审定，是利用德国美利奴羊为父本，当地细毛羊及其杂种羊为母本，采取级进杂交的方法培育而成。目前，存栏6万余只，主要产于内蒙古巴彦淖尔市乌拉特前旗、乌拉特中旗、五原县、临河区、杭锦后旗等地及周边地区。

2. 外貌特征

该品种属于肉毛兼用型，体格较大，体质结实，结构匀称，胸部宽而深，背腰平直，体型较长。骨骼粗壮结实，肌肉丰满，呈圆筒形，肉用体型明显。被毛白色，肤色为粉色。

图1-19 巴美肉羊公羊　　　图1-20 巴美肉羊母羊　　　图1-21 巴美肉羊群体

头部清秀，形状为三角形，公母羊均无角，头部至两眼连线覆盖有细毛。颈长短宽窄适中，无肉垂。四肢坚实有力，蹄质结实。属短瘦尾，呈下垂状（图1-19至图1-21）。

3. 生产性能

成年公羊体重109.8千克，成年母羊体重63.3千克，屠宰率为50.4%。平均产毛量7.1千克，净毛率48.5%。产羔率为135%以上。

4. 利用价值

巴美肉羊具有生长发育快、繁殖率高、胴体品质好、耐粗饲等特点，适合广大牧区舍饲、半舍饲饲养，是内蒙古自治区乃至全国肉羊产业的一个优良品种，对于加快肉羊品牌的创立，促进规模化、标准化肉羊生产，提升整个产区羊产品的市场竞争力具有重要意义。

（八）多浪羊

1. 主产地

多浪羊产于新疆喀什地区麦盖提县，主要分布在喀什及周边各地区，是利用1919年和1944年引进的阿富汗瓦格吉尔羊与当地的土种羊进行级进杂交，在当地得天独厚的地理、地貌及自然形态环境下，经过几辈人的努力逐渐育成的地方优良品种。

2. 外貌特征

多浪羊体质结实，结构匀称，体大躯长而深，肋骨拱圆，胸深而宽，背腰平直且长，后躯肌肉脂肪发达，十字部较鬐甲略高，前后躯较丰满，肌肉发育良好。被毛以灰白色为主，深灰色次之。初生羔羊之胎毛全身一色，多为棕褐色，断奶剪毛后毛色始变，躯体部位毛色呈灰白色，而头、耳与四肢的颜色保留初生胎毛褐色或黑棕色。腹毛稀疏而短，被毛分为粗毛型和半粗毛型。头中等大小，鼻梁隆起。耳大下垂，长而宽。公羊绝大多数无角，母羊一般无角。公羊尾大，母羊尾小，尾形有"W"状和"U"（砍土曼）状。四肢结实而端正，蹄质坚实。母羊乳房发育良好（图1-22至图1-24）。

图1-22 多浪羊公羊　　图1-23 多浪羊母羊　　图1-24 多浪羊群体

3. 生产性能

平均体重成年公羊80千克，成年母羊40千克。一般2年产3胎，膘情好的可一年产两胎，而且双羔率较高，可达33%，并有一胎产3羔、4羔的，一只母羊一生可产羔15只。产羔率118%～130%，农区小群饲养繁殖率可达250%左右。

4. 利用价值

该品种具有体格大（比其他地方品种大1～2倍）、生长发育快、早熟、采食能力强、耐粗饲、增膘快、产肉率高、饲料报酬高、繁殖率高等优点。近年来，喀什地区的岳普湖、英吉沙、疏勒、莎车等县和阿勒泰、吐鲁番、伊犁、克孜勒苏等地州，用多浪羊改良当地的粗毛肉用羊，效果很好。在相同的饲养条件下，多浪羊与当地土种绵羊杂交所得到的子一代增重效果明显高于当地土种绵羊子一代，并且提高了当地土种羊的多胎性能。在增加改良羊数量的同时，提高饲养羊的出栏数及养羊经济收入。

（九）阿勒泰羊

1. 主产地

阿勒泰羊中心产区为新疆福海县，主要分布在阿勒泰地区福海、富蕴、青河、哈巴河、布尔津、吉木乃及阿勒泰等6县1市。

2. 外貌特征

阿勒泰羊肉脂兼用体型明显，体质坚实，骨骼健壮，体格大，全身肌肉发育良好。整个体躯宽深，肋骨拱圆，鬐甲十字部平宽，背腰平直。毛色主要为棕褐色，部分个体为花色、纯白、纯黑色。头形、额适中。大多耳大下垂，个别为小耳。公羊鼻梁隆起，母羊鼻梁稍有隆起。一般公羊有大的螺旋形角，约2/3的个体有角。颈长短适中。四肢高而粗壮，股部肌肉丰满，肢势端正，蹄质坚实。脂臀宽大平直而丰厚，外观呈方圆筒形，大尾外面覆有短而密的毛，内侧无毛，下缘正中有一浅沟将其分成对称的两半。母羊乳房大而发育良好（图1-25至图1-27）。

图1-25 阿勒泰羊公羊　　　图1-26 阿勒泰羊母羊　　　图1-27 阿勒泰羊群体

3. 生产性能

阿勒泰羊生长发育快，适于肥羔生产。4个月龄体重公羔38.9千克、母羔36.7千克。1.5岁平均体重公羊70千克、母羊55千克。成年平均体重公羊92.98千克、母羊67.56千克。成年羯羊的屠宰率52.88%，胴体重平均39.5千克，脂臀占胴体重的17.97%。产羔率110.3%。阿勒泰羊春、秋各剪毛一次，剪毛量平均成年公羊为2千克，母羊为1.5千克，当年生羔羊为0.4千克。

4. 利用价值

阿勒泰羊属肉、脂兼用型绵羊品种，是哈萨克羊的一个优良类群，以体格大、肉脂生产性能高而著称。毛质较差，羊毛主要用于擀毡。

（十）昭乌达肉羊

1. 主产地

昭乌达肉羊是内蒙古自治区利用德国美利奴羊为父本，当地敖汉细毛羊及其杂种为母本，采取级进杂交的方法，自主培育而成的专门化肉用羊新品种。目前，存栏 55 万余只。

2. 外貌特征

昭乌达肉羊属于肉毛兼用型绵羊，被毛白色，肤色为粉色。体格较大，体质结实，结构匀称，骨骼粗壮结实，肌肉丰满，肉用体型明显，呈圆筒形。头部清秀，形状为三角形。公母羊均无角，头部至两眼连线有细毛覆盖。颈长短宽窄适中，无肉垂。胸部宽而深，背腰平直，体型较长。四肢坚实有力，蹄质结实。属短瘦尾，呈下垂状。

3. 生产性能

昭乌达肉羊成年种公羊平均体重 95.7 千克，成年母羊平均体重 55.7 千克。6 月龄公羔屠宰后平均胴体重为 18.9 千克，屠宰率为 46.4%，净肉率为 76.3%。12 月龄羯羊屠宰后平均胴体重为 35.6 千克，屠宰率为 49.8%，净肉率为 76.9%。初产母羊繁殖率为 126.4%，经产母羊繁殖率为 137.6%。

4. 利用价值

据昭乌达肉羊育种区的育种养殖户统计，牧民养殖昭乌达肉羊效益得到显著提高。养殖 1 只昭乌达肉羊母羊，平均每年可以得到 1.35 只羔羊，产优质羊毛 5 千克，共可创造产值 615 元，在牧区放牧加补饲条件下，平均每只母羊的饲养成本为 300 元，每年可获纯效益 315 元，分别比养殖普通细毛羊增加效益 150 元，比养殖蒙古羊增加效益 200 多元。

二、主要山羊品种

（一）南江黄羊

1. 主产地

南江黄羊于 1995 年四川省在南江县通过多品种杂交和长期人工选择培育而成的肉用山羊新品种，主要分布于四川省的南江县、通江县及邻近的地区。南江黄羊饲养方式为放牧或放牧与补饲相结合。

2. 外貌特征

图 1-28 南江黄羊公羊　　图 1-29 南江黄羊母羊　　图 1-30 南江黄羊群体

南江黄羊全身被毛黄褐色，毛短富有光泽。颜面黑黄，鼻梁两侧有一对称的浅黄色条纹。公羊颈部及前胸被毛黑黄粗长。枕部沿背脊有一条黑色毛带，十字部后渐浅。头大小适中，有角或无角。耳较长，微垂，鼻梁微弓。公、母羊均有毛髯，少数羊颈下有肉髯。颈长短适中，颈肩结合良好。前胸深广，肋骨弓张。背腰平直，尻部倾斜适度。四肢粗壮，肢势端正，蹄质坚实。体质结实，结构匀称。体躯略呈圆筒形。公羊额宽、头部雄壮，睾丸大小适中，发育良好。母羊颜面清秀，乳房发育良好（图1-28至图1-30）。

3. 生产性能

南江黄羊平均初生重公羔2.28千克、母羔2.18千克。双月断奶体重公羊12千克、母羊10千克。周岁体重公羊35千克、母羊28千克。成年体重公羊60千克、母羊42千克。母羊常年发情，一般年产2胎，部分两年产3胎，经产母羊产羔率为200%。周岁羯羊胴体重15.5千克，屠宰率为49%。

4. 利用价值

南江黄羊改良各地山羊效果明显。用南江黄羊改良浙江玉环县山羊，杂种一代羊6月龄、周岁体重分别达18.93千克、25.50千克，比本地山羊提高42.54%、52.06%。改良川东白山羊，杂种一代羊6月龄、周岁体重分别达18.30千克、32.58千克，比本地山羊提高60.95%、89.97%。

（二）马头山羊

1. 主产地

马头山羊又名"狗头山羊"，是湘、鄂两省的肉用性能较好的地方品种，主要产于鄂西北、鄂西南和湘西武陵山、雪峰山山区，中心产区包括湖北的竹山、郧西、房县、神农架、巴东、建始等县和湖南的石门、桑植、芷江、新晃、慈利等县。其中，以竹山的三台、楼台、城关，郧西的关房，以及湖南的石门、桑植等地所产的数量最多，品质最好。

2. 外貌特征

马头山羊体型较大，全身被毛白色，毛短贴身，无绒毛。皮肤厚而松软，皮下结缔组织发达。公母羊均有髯，公羊头顶长有一束毛，并逐步伸长，可遮作眼眶上缘。公母羊均无角，头大小适中，形似马头。鼻梁平直、巨大、平直稍向前倾斜，眼大有神。母羊颈较细长，公羊颈较粗短，雄壮，部分羊颈下长有肉垂一对，颈肩结合良好。胸部发达，背腰平直，肋骨开张良好，臀部宽大。部分羊背脊较宽，群众称为"双脊羊"，外形美观，品

图1-31 马头山羊公羊　　　图1-32 马头山羊母羊　　　图1-33 马头山羊群体

质较佳,四肢端正,蹄质坚实,乳房发达,有效乳头两个。尾较短而上翘(图1-31至图1-33)。

3. 生产性能

初生羔羊平均体重1.82千克,最高达2.5千克。成年公母羊体重分别为45～60千克和35～50千克,最高可达60～70千克。在优良放牧并补饲条件下,日增重公羊可达231克、母羊192克。屠宰率高,周岁羊为45%,成年羊50%～55%。阉羊平均屠宰率为55.3%,最高达59.29%,净肉率为41.49%。马头山羊性成熟早,繁殖力强,5月龄性成熟,10月龄可以配种。年产2胎,第一胎单羔,经产母羊双羔率达到66.7%,3羔率为10.45%,4羔比例在4.3%,繁殖率最高可达400%左右。种公羊可利用2～4年。

4. 利用价值

马头山羊是江南各省较优的山羊品种,对山区环境适应性强,具有良好的肉用性能,肉色鲜红,肉质细嫩,脂肪分布均匀,为羊肉品质中的佳品。板皮品质良好,张幅大,平均面积8190平方厘米。在肉羊经济杂交生产中可作为母本,通过引进优良肉羊品种如波尔山羊等进行杂交改良,能取得较理想的生长速度及产肉性能。

(三)成都麻羊

1. 主产地

成都麻羊又名"四川铜羊",是四川省和重庆市肉用性能较好的地方品种,主产于成都市近郊的双流、龙泉、大邑等地,分布于四川盆地西部的成都平原及其邻近的低山丘陵地区,可分为丘陵型和山地型两种类型,丘陵型体格相对较大,山地型体格相对较小。

2. 外貌特征

成都麻羊全身被毛呈棕黄色,毛短而富有光泽。单根纤维颜色可分为3段,毛尖为黑色,中段为棕黄色,基部为黑灰色。有黑色背线(即从两角基连线中央沿颈椎、脊椎至尾根有一条黑色毛带)和黑色颈带(即沿两侧肩胛经前臂至蹄冠各有一条黑色毛带),两条黑色毛带在鬐甲处交叉构成一明显"十字架",公羊较宽,母羊较窄。另外,从两角基前端,经内眼沿鼻梁两侧至口角,各有一条上宽下窄的浅黄色毛带,左右对称,形似"画眉鸟"状。腹部毛色比体躯浅,被毛内层着生细密柔软的绒毛,秋季生长,春暖后逐渐脱落。

成都麻羊体格中等,头中等大小,两耳侧伸,额宽而微突,鼻梁平直,公、母羊大多有角和鬐,公羊角形粗大,母羊角短小,部分羊颈下有肉垂。体型结构匀称,背腰平直,尻部略斜,四肢粗壮,蹄壳坚实呈黑色。公羊体躯呈长方形,前躯发达,体态雄壮。母羊后躯深广,乳房发育良好,略呈楔形,尾短小上翘(图1-34至图1-36)。

图1-34 成都麻羊公羊　　　图1-35 成都麻羊母羊　　　图1-36 成都麻羊群体

3. 生产性能

成都麻羊具有生长发育快、早熟、繁殖率高、适应性强、耐湿热、耐粗放饲养、遗传性能稳定等特性，产肉性能良好，肉色鲜红，肉质细嫩，脂肪含量适中且分布均匀，味道鲜美，膻味少。丘陵型周岁公羊体重 27 千克，周岁母羊体重 23 千克，成年公羊体重 43 千克，成年母羊体重 33 千克。山地型周岁公羊体重 18 千克，周岁母羊体重 17 千克，成年公羊体重 37 千克，成年母羊体重 25 千克。丘陵型周岁羯羊宰前活重 26 千克，胴体重 12 千克，屠宰率 46%，净肉率 76%。成年羯羊宰前活重 43 千克，胴体重 21 千克，屠宰率 48%，净肉率 79%。山地型周岁羯羊屠宰率 45%，成年屠宰率羯羊为 46%。

成都麻羊具有较好的产奶性能，泌乳期 5 ~ 8 个月，产奶量为 150 ~ 250 千克，乳脂率平均为 6.47%。

成都麻羊皮板致密，张幅大，周岁羊板皮面积 5000 平方厘米以上，成年羊板皮面积 6500 平方厘米以上，厚薄均匀，弹性好，强度大，质地柔软，耐磨损，是制革的上等原材料。

成都麻羊性成熟早，繁殖能力较强，4 ~ 8 月龄开始发情，一般母羊 6 ~ 8 月龄，公羊 8 ~ 10 月龄开始配种。母羊常年发情，平均年产 1.7 胎，可年产 2 胎或两年产 3 胎，产羔率 200% 以上。

4. 利用价值

成都麻羊具有生长发育快、早熟、繁殖力高、适应性强、耐湿热、耐粗放饲养、遗传性能稳定等特性，尤以肉质细嫩、味道鲜美，板皮面积大，质地优为显著特点。适合纯繁和用以改良其他山羊品种，现已推广到湖南、湖北、广东、广西壮族自治区（以下全书简称广西）、河南、河北、陕西、江西、贵州等省（区），显示出良好的杂交效果。

（四）黄淮山羊

1. 主产地

黄淮山羊包括河南省的槐山羊、安徽省的阜阳山羊和江苏的徐淮山羊，属皮肉兼用型地方山羊品种。产于黄淮平原的广大地区，在河南省周口、商丘地区、安徽及江苏省徐州地区都有养殖。

2. 外貌特征

黄淮山羊有无角和有角两种类型。无角型羊颈长，腿长，身躯长；有角型羊颈短，腿短，体躯短。额宽，鼻直，面部微凹，颌下有髯。胸较深，肋骨开张，背腰平直，身体各部位结构匀称，呈圆筒形。被毛以纯白色为主，也有黑色、青色、棕色和花色。毛短有丝光，

图 1-37 黄淮山羊公羊　　图 1-38 黄淮山羊母羊　　图 1-39 黄淮山羊群体

绒毛很少。成年公羊、母羊体高分别为 65.98 厘米和 54.32 厘米（图 1-37 至图 1-39）。

3. 生产性能

江淮黄羊成年公羊、母羊体重分别为 35 千克、26 千克。羔羊生长快，9 月龄体重可达成年体重的 90% 左右。在 7～10 月龄屠宰，屠宰率为 49.8%，净肉率为 40.5%。肉质细嫩、膻味小。繁殖力高，3～4 月龄性成熟，半岁后可配种，全年发情，一年产 2 胎或两年产 3 胎，产羔率为 239%。

黄淮山羊板皮质量好，在国际市场上享有很高声誉，以秋、冬季节宰杀板皮为最好，其质地致密，韧性大，强度高，分层性能好，每张板皮可分 6～7 层，是我国大宗出口产品。

4. 利用价值

利用引进的波尔山羊，对地方黄淮山羊杂交改良，进行商品肉羊的生产，在生产上取得了显著的效果。在江苏地区的利用情况表明：波尔羊和黄淮山羊的杂交 F_1 代公、母羊初生、2 月、6 月、12 月龄体重极显著地高于本地羊，分别比本地羊提高了 51.4% 和 48.7%、55.2% 和 51.1%、52.5% 和 60.8%、58.4% 和 58%。6 月龄前杂交 F_1 代公、母羔羊日增重为 116.6 克和 98.9 克，分别比同期本地羊（76.39 克和 60.89 克）提高 52.6% 和 62.4%；7～12 月龄杂交 F_1 代公、母羔羊日增重分别为 84.22 克和 85 克，比同龄本地羊（50 克和 55 克）分别提高了 68.44% 和 54.55%。表明杂交 F_1 代羊的增重速度始终比本地羊高 50% 以上。

（五）云岭黑山羊

1. 主产地

云岭黑山羊是肉皮兼用的地方品种。主要分布于云岭山脉一带，是云南省内分布最广、数量最多的地方品种，占全省山羊存栏量的 70% 左右，存栏 600 余万只，是羊肉生产的主体。近几年随着市场化程度的提高，在贵州、四川等省也有一定的饲养数量。

2. 外貌特征

云岭黑山羊色纯黑，体格大，繁殖力高。成年公羊体高 59.2～63.0 厘米，体长 59.4～69.9 厘米。成年母羊体高 56.4～66.1 厘米，体长 57.5～67.0 厘米（图 1-40 至图 1-42）。

图 1-40 云岭黑山羊公羊　　图 1-41 云岭黑山羊母羊　　图 1-42 云岭黑山羊群体

3. 生产性能

羔羊初生重一般平均 2.0 千克，3 月龄断乳重 7.1～11.7 千克，6 月龄体重公羔 13.3～14.1 千克、母羔 11.8～14.1 千克。周岁公羊体重 21.1～22.7 千克、母羊体重

17.1～20.5千克。成年公羊体重31.7～35.2千克，成年母羊体重27.9～38.2千克。周岁时屠宰率42.9%，成年羊47.4%。

云岭山羊具有常年发情、性成熟早，但以秋季为性活动旺期。母羊初情期为5～6月龄，初配年龄7～8月龄，母羊产羔率110%～150%，羔羊断乳成活率平均在80%以上。

4.利用价值

云岭山羊优点是耐粗饲，适应性和抗病力强，善于攀高采食。肉质细嫩、味鲜美。是我国发展肉羊生产或引用肉羊品种杂交培育肉羊品种的优良母本素材。

第二节 肉羊杂交利用技术

一、绵羊杂交利用技术

（一）萨福克—小尾寒羊—滩羊三元杂交技术

1.特术特点

萨福克—小尾寒羊—滩羊三元杂交技术是利用滩羊适应性强、肉质好，小尾寒羊产羔率高、四季发情，萨福克羊生长速度快、产肉性能高的特点，以萨福克为父本，以小尾寒羊和滩羊二元杂种母羊为母本，采用人工授精方法或本交方式进行肉羊改良。

2.成效

通过对萨福克—小尾寒羊—滩羊三元杂交改良后代不同月龄产肉性能、饲养报酬和经济效益对比表明：在相同营养水平和饲养管理条件下，0～3月龄内，三元杂交羔羊的日增重288克，比小尾寒羊—滩羊二元杂交羔羊提高77.78%，每增重1千克比小尾寒羊—滩羊二元杂交羊节省精料1.8千克。3～6月龄内，三元杂交羔羊的日增重221克，比小尾寒羊—滩羊二元杂交羔羊提高74.01%，每增重1千克比寒滩羊节省精料3.6千克。三元杂交羔羊的增重效果和饲料报酬优于小尾寒羊—滩羊二元杂交羔羊，杂交优势明显。舍饲萨福克—小尾寒羊—滩羊三元羔羊6月龄出栏屠辛率可达51.01%,能获取最佳的经济效益。饲养优质羔羊时8月龄前出栏可取得良好的效果。

（二）萨福克、特克赛尔羊、无角道赛特等国外优良肉羊品种杂交改良多浪羊

1.技术特点

多浪羊是新疆地区一个优良肉脂兼用型绵羊品种，该品种具有生长发育快，体格较大，肉用性能良好，繁殖性能高等优点。但存在一些前胸及后腿肌肉不丰满，肋骨开张不理想，尾脂肪占胴体的比重过大，胴体品质差等缺点。2002年新疆生产建设兵团农三师畜牧兽医工作站以优良肉脂兼用型多浪羊为母本，以国外著名肉羊品种无角道赛特公羊为父本，采用人工授精技术对多浪羊进行杂交改良。

为了提高其经济效益，新疆阿克苏山羊研究中心利用从澳大利亚引进的萨福克和特克塞尔羊对多浪羊进行杂交改良，探索在良好的舍饲条件下，两种杂交组合杂交羊育肥效果及其经济效益，为开展羊的大面积杂交改良提供依据。

2. 成效

经过用无角道赛特羊对多浪羊改良，克服多浪羊尾脂过多、四肢过长、肋骨开张不理想等不足，进一步提高多浪羊的出肉率。杂交一代胸围较多浪羊提高9%～10%，胸围指数提高12%以上，日增重较多浪羊提高24%～33%。尤其是多浪羊硕大的尾脂显著减少，仅为本品种尾脂60%。

通过进一步引进萨福克和特克塞尔羊杂交改良，萨福克羊与多浪羊杂交一代和特克塞尔羊和多浪羊杂交一代在3～6月龄期间育肥，日增重分别比多浪羊提高48.56克和54.11克，提高了31.06%和34.61%。在6～8月龄期间育肥，日增重分别比多浪羊提高41.66克和42.83克，提高了37.64%和38.70%，增重效果均极显著，获得较好的经济效益。

（三）多浪羊、塔什库尔干羊、萨福克羊三元杂交

1. 技术特点

利用地方优良品种多浪羊、塔什库尔干羊和世界著名肉羊品种萨福克羊进行三元杂交。首先用塔什库尔干羊和多浪羊进行杂交，得到杂交一代表现明显的杂种优势，充分表现出亲本的互补性。多浪羊的早熟、繁殖性能高等优点弥补了塔什库尔干羊的繁殖性能低，晚熟，生长发育慢等缺点。塔什库尔干羊的肉用体型好，抗病力强，耐粗放等优点弥补多浪羊的肉用体型不明显，放牧性能差等缺点。对塔什库尔干羊和多浪羊二元杂种羊再用萨福克羊进行三元杂交，使萨福克羊肉用体型突出，繁殖率、产肉率、日增重高，肉质好的优点得到充分利用，选育出优势明显的三元杂交羊。

2. 成效

多浪羊、萨福克羊、塔什库尔干羊三元杂种个体放牧适应性强，抗病力强，肉用体型非常明显，即体格粗大，前胸宽丰满，背腰平阔，后躯肌肉发达，颈腿短粗圆，臀部肥胖，肌肉外突，呈典型圆筒形体躯。体长骨细，产肉率和瘦肉率高。生长发育快、早熟。比地方纯种羊以及杂种羊表现出较明显的杂种优势。杂交羔羊体尺体重比本地塔什库尔干羊与多浪羊有明显提高，克服了多浪羊尾脂过多，四肢过长，肋骨开张不理想等不足，改变了本地品种肉用性能不高，胴体品质差，肉用体型欠佳，生长发育缓慢等缺陷。改善其肉用体型，提高了产肉性能，繁殖性能，增加经济效益。

3. 案例

在喀什市佰什克热木乡开展多浪羊、塔什库尔干羊和萨福克羊多元杂交试验。通过对多浪羊、塔什库尔干羊、萨福克羊三元杂交后代羔羊的生长发育和产肉性能等进行研究分析表明，三元杂交羔羊在当地的舍饲适应性，生长发育速度，强度和产肉性能等方面表现出明显的杂种优势。杂交一代羔羊6月龄平均体重达到42.30千克，比同龄土种羔羊高6.30千克，而且其瘦肉率高，胴体重品质好。经过短期育肥的6月龄杂种羔羊胴体重、净肉率、

屠宰率分别比土种羔羊提高了 6.15 千克、3.14% 和 7.5%；后腿净肉增加 1.695 千克，提高了 32.13%。1 只改良杂交羔羊的胴体重比当地土种羊提高 6.15 千克，如按照市场羊肉价格 50 元/千克计算，1 只羊就可以增加经济效益 307.5 元。喀什市绵羊存栏数为 23 万只，如果将其全部改良，每一个杂交世代将可增加额外经济效益 6150 万元。由此可见，推广多浪羊、塔什库尔干羊、萨福克羊三元杂交，将取得巨大的经济效益。

（四）阿勒泰羊杂交改良和田羊

1. 技术特点

阿勒泰羊是大型的肉羊品种，以生长发育快、体格大、抓膘能力强、肉脂生产性能高而著称。和田地区羊体格小、生长慢、产肉量低。以和田羊为母本，以阿勒泰羊为父本，进行杂交改良，提高和田羊的生产水平。

2. 成效

利用阿勒泰种公羊杂交改良和田羊，取得了显著的效果。所产杂交羊的初生重、成年体重、屠宰率、繁殖率均较和田羊有较大提高。

3. 案列

新疆生产建设兵团农十四师四十七团于 20 世纪 90 年代初引进阿勒泰种公羊与当地土种绵羊和田羊在塔里木盆地南缘进行了杂交改良，取得了显著的效果。杂交公羔羊初生重、4 月龄体重分别比本地羊提高 54.5%、48.7%。母羔羊的初生重、4 月龄体重分别比本地土种羊提高 45.1%、50.0%。杂交羔羊育肥（4 月龄）后屠宰率平均 51%，而本地土种羊为 38%，提高 13 个百分点。杂交羊胴体不像本地土种羊那样贫瘠干瘪，其胴体肥瘦适中，厚而不肥，色泽纯正，膻味小，多汁鲜嫩，在 4～6 月龄屠宰上市时肉鲜味美，深受消费者喜爱。杂交后代母羊繁殖率可达 150% 以上，比本地羊提高近 50 个百分点。有 15%～20% 的经产母羊产双羔（或 3 羔），一般两年三产，饲养管理条件好可一年两产。

二、山羊杂交利用技术

（一）努比山羊（黑色个体）改良云岭黑山羊

1. 技术特点

努比山羊原产于非洲东北部，该品种羊额部和鼻梁隆起呈明显的三角形，两耳宽长下垂至下颌部或嘴尖，公、母羊有角或无角，头颈相连处肌肉丰满呈圆形，颈较长而躯干较短，乳房硕大，发育良好，四肢细长，被毛细短、富有光泽。性情温顺，采食范围广，适应性强。成年公羊平均体重 60～80 千克，成年母羊平均体重 50～70 千克。母羊产羔率 180%～220%。用它来改良地方山羊，在提高肉用性能和繁殖性能方面效果较好。而云岭黑山羊是云南省乃至云、贵、川 3 省分布较广、数量较多的地方品种，是较好的杂交改良用母本。利用努比山羊黑色个体毛色黑的特点满足南方市场对黑色肉山羊的喜爱和需求。

利用努比山羊与云岭黑山羊进行杂交，提高云岭黑山羊的生产水平。

2. 成效

努比山羊其黑色个体在改良云岭黑山羊中发挥了重要作用，所产杂交后代初生重、日增重、成年体重、产羔率及屠宰率均较云岭黑山羊有较大提高。

3. 案例

云南省畜牧兽医科学院于2006年至今在云南省种羊场采用努比山羊黑色个体与云岭黑山羊杂交后，杂交一代、二代体重和产羔率均有较大提高。其中杂交一代羔羊平均初生重2.44千克，提高30.32%；3月龄断奶重13.42千克，提高25.41%；6月龄体重23.38千克，提高23.36%；周岁体重36.27千克，提高21.26%；产羔率171.79%，提高40.3%。杂二代羔羊平均初生重3.09千克，提高34.60%；3月龄断奶重16.37千克，提高46.16%；6月龄体重26.83千克，提高41.50%；周岁体重40.42千克，提高29.55%；产羔率192.31%，提高61.9%；周岁羯羊宰前活重49千克，较云岭黑山羊周岁羯羊提高47.59%，屠宰率为55.70%，提高7.08%。

第三节 引进肉羊品种及其利用技术

一、杜泊羊

（一）品种特性

杜泊羊是由有角陶塞特羊和波斯黑头羊杂交育成，最初在南非较干旱的地区进行繁育和饲养，因其适应性强，早期生长发育快，胴体质量好而闻名于世。杜泊羊分为白头和黑头两种，体躯呈独特的圆筒状。体躯上为短而稀的浅色（乳白色至浅黄）毛，主要在前半部，腹部有明显干死毛。头上有短、暗黑毛或白毛，无角。杜泊羊适应性极强，对南非不同的气候条件有很好的适应性。采食性广，不挑食，能够很好地利用低品质牧草。在干旱和半干旱热带地区生长健壮，适应的降水量为100～760毫米。抗病力强。能够自动脱毛是杜泊羊的明显特性。

杜泊羊不受季节限制，可常年繁殖，母羊产羔率150%以上。产奶量高，保姆性好，能很好地哺乳多胎后代。具有早期放牧能力，生长速度快，3.5～4月龄羔羊，活重达36

图 1-43 杜泊羊公羊　　　图 1-44 杜泊羊母羊　　　图 1-45 杜泊羊群体

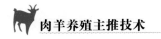

千克，胴体重 16 千克左右。肉中脂肪分布均匀，为高品质胴体。虽然杜泊羊个体高度中等，但体躯较大，成年公羊和母羊体重分别在 120 千克和 85 千克左右（图 1-43 至图 1-45）。

（二）利用情况

用杜泊羊改良蒙古羊

（1）技术特点：利用粗毛型杜泊羊杂交改良蒙古羊，杂种一代在外貌类型基本一致的前提下，表现出了很好的生产性能和适应性，增收效果明显。

（2）案例与成效：案例一：自 2004 年以来，锡盟为提高蒙古羊的产肉性能，增加广大农牧民的收入，引进原产于南非的肉用品种杜泊种公羊与当地蒙古羊进行经济杂交。通过几年艰苦细致的工作，使蒙古羊的产肉性能及其他生产性能指标得到明显提高。在锡盟半干旱草原放牧饲养条件下，利用杜泊羊杂交蒙古羊，其杂交后代较好地保持了蒙古羊的体型外貌特征，且无花羔产生，花羔比例不足 2%。初生重大，生长快，肉用体型明显，初生重和日增重平均高于蒙古羔羊 35 克和 37 克，杂一代羔羊宰前体重、胴体重和净肉重比蒙古羔羊高 8.31 千克、4.6 千克和 3.59 千克。瘦肉比例明显提高，较蒙古羔羊平均提高了5.82 个百分点。皮张质量有所提高，杂交羔羊皮张厚度、密度均优于蒙古羔羊。效益明显增加，杂交羔羊的净肉重较同等条件下的蒙古羔羊提高了 3.59 千克，按每千克羊肉 50 元计算，羊肉一个羊单位可增加收入 179.5 元，取得了明显的经济效益，为提高广大牧民的收入作出了重大贡献。

案例二：乌兰察布市四子王旗从 2007 年开始，在南部 3 个苏木镇 21 个嘎查的 811 个牧户中开展杜泊羊杂交改良蒙古羊的高效生态畜牧业模式示范推广。2011 年杂交改良规模达到 13.2 万只，2012 年杂交羔羊生产规模目前已达到了 11 万只，取得明显的经济、生态和社会效益。2012 年杂交羔羊只均纯收入 545 多元以上，最高达到 600 多元，比本地同龄羔羊只均纯增收 234 元以上，示范户通过生产杜蒙肉羊户均纯增收达到 4.68 万元以上。

二、萨福克羊

（一）品种特性

萨福克羊原产于英格兰东南的萨福克、诺福克、剑桥和艾塞克斯等地，系大型肉用品种。萨福克羊是 19 世纪初期，以南丘羊为父本，以当地体大、瘦肉率高的黑脸有角诺福克羊为母本杂交培育出来的品种。在英国、美国是用作终端杂交的主要公羊。

萨福克羊体格大，头短而宽，鼻梁隆起，耳大，公、母羊均无角，颈长、深且宽厚，胸宽，背、腰和臀部长宽而平。肌肉丰满，后躯发育良好。体躯主要部位被毛白色，头和四肢为黑色，并且无羊毛覆盖，但毛丛间含有色纤维，纺织价值低。四肢粗壮结实。

萨福克羊生长发育快，平均日增重 250～300 克，3 个月龄羔羊胴体重达 17 千克，肉嫩脂少。成年公羊体重 100～136 千克，成年母羊体重 70～96 千克。剪毛量成年公羊 5～6 千克，成年母羊 2.5～3.6 千克，毛长 7～8 厘米，细度 50～58 支，净毛率 60% 左右。产羔率 141.7%～157.7%。产肉性能好，经育肥的 4 月龄公羔胴体重 24.2 千克，4

月龄母羔为 19.7 千克。瘦肉率高，是生产大胴体和优质羔羊肉的理想品种。美国、英国、澳大利亚等国都将该品种作为生产肉羔的终端父本品种（图 1-46 至图 1-48）。

（二）利用情况

图 1-46 萨福克羊公羊　　图 1-47 萨福克羊母羊　　图 1-48 萨福克羊群体

用萨福克羊改良藏羊、青海半细毛羊。

利用萨福克羊杂交改良藏羊，在同等的饲养管理条件下，杂交一代羊生长发育快，适应性强，获得了明显的杂种优势。在青藏高原严酷的生态环境全天放牧无补饲条件下，8月龄活重比藏羊重 8 千克，体高、体长、胸围、胸深、胸宽、管围和尻宽均极显著大于藏羊，具有父本明显的肉用性能特点，同时，又保持了母本藏羊对高寒严酷环境的适应性。在高寒牧区，每年青草期只有 4～5 个月，用萨福克羊改良藏羊，充分利用杂种优势，有效利用青草期牧草丰盛的特点，开展季节性规模化肉羊生产，在入冬前集中屠宰上市，加快了羊群周转和出栏率，减少越冬牲畜数量和冬春牲畜损亡，还减轻了冬春草场压力，缓解了草畜矛盾，有利于恢复和改良草地植被，改善草地生态环境，促进该区畜牧业的可持续发展。

利用萨福克羊杂交改良青海半细毛，改良后代羔羊的增重速度、胴体重，肉的品质、饲料转化率均有所提高，既发挥了青海半细毛羊适应性强、耐寒、耐粗饲的优势，也改进了青海半细毛羊体躯不丰满、胴体形状欠佳，个体产肉量低的缺陷。适宜于农牧区放牧育肥。

三、德国肉用美利奴羊

（一）品种特性

德国肉用美利奴是世界上大型的肉毛兼用型细毛羊品种，原产于德国，1995 年引进我国。该羊性情温顺，食性广泛，采草性能好，对粗饲料消化能力强，抗逆性较强，尤其具有成熟早、发育快、肉质好、繁殖率高等优良性能。

体型宽大，鼻梁平直，面部略有隆起，耳适中横立。体躯宽长呈长方形，胸部宽深且肌肉丰满，四肢端正而结实，背腰部宽平而紧凑。后驱宽深且肌肉发达，呈倒"U"字形。公羊、母羊全都无角，皮肤无皱褶。

被毛为白色同质毛，闭合良好，密度适中。被毛头部至两眼连线，光脸，前肢至腕关节，后肢至飞节均有细毛覆盖。公羊毛长为 8～10 厘米，母羊毛长为 6～8 厘米，羊毛细度为 60～66 支，匀度较好，弯曲明显，油汗白色或乳白色，且含量适中。成年公羊剪毛量 10.0～11.5 千克，母羊 4.5～5.0 千克，净毛率 45%～52%。

图 1-49 德国肉用美利 图 1-50 德国肉用美利 图 1-51 德国肉用美利奴
奴羊公羊 奴羊母羊 羊群体

成年公羊体重 100 ～ 140 千克，母羊 65 ～ 80 千克。5 ～ 6 月龄体重 40 ～ 45 千克，比较好的个体体重可达 50 千克以上，胴体重 18 ～ 22 千克，屠宰率 47% ～ 49%。胴体净肉率 80%。经产母羊产羔率 150%（图 1-49 至图 1-51）。

（二）利用情况

改良本地细毛羊品种

（1）技术特点：利用德国肉用美利奴羊为父本，以蒙古羊同前苏联美利奴羊、萨里斯克羊、德国美利奴羊、新疆细毛羊、澳洲美利奴羊等细毛羊品种杂交选育形成的偏肉用杂交改良细毛羊为母本，进行杂交。一方面利用杂交优势，生产杂种羔羊，提高产肉性能；另一方面，在杂交后代选择理想个体，组建育种群，改进肉用和繁殖性能，提高肉用性能。在杂交二代基础上，选择理想型个体组成新品种育种核心群，进行横交固定，扩群繁育和选育提高，育成新品种。

（2）成效：目前利用德国肉用美利奴羊改良本地细毛羊，在巴彦淖尔市和赤峰市成功培育出了巴美肉羊和昭乌达肉羊两个新品种。这两个新品种既保持了原有细毛羊品种的产毛性能，毛同质，细度 60 支以上，适应性强。同时，生长发育快，产肉性能得到提高，肉质良好，实现了毛肉"双高产"。产羔率也得到提高，达到 130% 以上。锡林郭勒盟正在培育的"察哈尔"肉羊新品种，也采取了相近的技术路线和方法。南非美利奴羊等的利用类似。

四、南非肉用美利奴羊

（一）品种特性

南非肉用美利奴羊原产于南非，系南非于 20 世纪 30 年代引入德国肉用美利奴羊，按照南非农业部选种方案育成，1971 年被承认。现分布于澳大利亚、新西兰和美洲一些国家和地区。

南非肉用美利奴羊具有早熟，毛质优良，胴体产量高和繁殖力强的特性，是新型肉毛兼用品种。公、母羊均无角，被毛白色，同质，不含死毛。体大宽深，胸部开阔，臀部宽广，腿粗壮坚实，生长速度快，产肉性能好。

主要用于生产羔羊肉，100 日龄羔羊体重可达 35 千克。体重成年公羊 100 ～ 110 千克，成年母羊 70 ～ 80 千克。剪毛量公羊 5 千克、母羊 4 千克，细度 64 支。母羊 9 月龄性成熟，平均产羔率150%。有良好的放牧习性（图1-52至图1-53）。

图1-52 南非肉用美利奴羊　　　　图1-53 南非肉用美利奴羊群体

（二）利用情况

南非肉用美利奴改良东北细毛羊选育肉毛兼用羊技术

（1）技术特点：利用东北细毛羊母本群体，保留其抗逆性强、耐粗饲、肉质好的特点，小尾寒羊高繁殖力的优点，以东北细毛羊和东北细毛羊与小尾寒羊杂交种后代为母本，以南非肉用美利奴羊为父本进行杂交选育。经比较试验，确定在杂交二代基础上，选择理想型个体进行横交固定，以提高个体产肉性能和繁殖性状作为主要目标性状，着力提高肉用性能，进行选育。

（2）案例与成效：吉林省松原市志华种羊场利用南非肉用美利奴改良东北细毛羊选育肉毛兼用羊技术，选育出优质型肉毛兼用羊和高繁殖率肉毛兼用羊，核心群基础母羊群各300只，建立扩繁群基础母羊各1000只，生产群基础母羊各10000只。优质型肉毛兼用羊产羔繁殖率为120%～150%，羊毛主体细度66支。高繁殖率肉毛兼用羊繁殖率为180%～200%，羊毛主体细度为60支。持续育肥羊日增重350克，屠宰率55%～60%，净肉率45%，优质肉块比例占30%。目前，以该场为中心带动周边养羊户70多户，存栏羊15000多只。

五、波尔山羊

（一）品种特性

波尔山羊原产于南非，是世界上著名的肉用山羊品种，现已分布于新西兰、澳大利亚、美国、德国、加拿大、中国等国家和地区。波尔山羊分为5个类型即普通型、长毛型、无角型、土种型和改良型。世界各国引种的波尔山羊为改良型。

波尔山羊全身皮肤松软，颈部和胸部有较多的皱褶，尤以公羊为多。眼睑和无毛部分有色斑。全身毛细而短，有光泽，有少量绒毛。头颈部和耳棕红色。额端到唇端有一条白色毛带。体躯、胸部、腹部与前肢为白色，有的羊有棕红色斑。额部突出，鼻呈鹰钩状，角坚实且长度适中，耳宽下垂，背腰平直，胸宽深，四肢粗壮。公羊体态雄壮，睾丸发育良好。母羊外貌清秀，乳房发育良好，允许有附乳头。

波尔山羊初配年龄10月龄以上，发情周期19～21天，妊娠期144～153天，母羊产羔率初产150%，经产190%～200%，最高可达225%。常年发情，一年二胎或二年产三胎。初生体重公羊4.15千克、母羊3.65千克。12~18月龄体重公羊45~70千克、母羊40~55千克。成年体重公羊80~100千克，母羊60~75千克。波尔山羊平均屠宰率48.3%，高的可达56.2%（图1-54至图1-56）。

图1-54 波尔山羊公羊　　图1-55 波尔山羊母羊　　图1-56 波尔山羊群体

（二）利用情况

1. 波尔山羊与南江黄羊、努比羊、本地山羊经济杂交三元杂交

用波尔山羊、南江黄羊、努比羊与四川本地山羊进行经济杂交和三元杂交。试验表明，波尔山羊改良效果明显，杂交一代羊经过90天补饲，只平均增加经济效益63.22元，比同期本地羊增加31.05元。波尔山羊、南江黄羊和本地山羊三元杂交后代8月龄胴体重17.56千克，比南江黄羊和本地山羊杂交后代提高胴体重5.53千克，提高45.96%。比本地羊胴体提高重8.83千克，提高101.15%。屠宰率达50.61%，比南江黄羊和本地山羊杂交后代、本地羊分别提高2.1个百分点和3.42个百分点。8月龄胴体重比二元杂交羊提高5.53千克。

2. 波尔山羊改良本地山羊

用波尔山羊改良四川简阳大耳羊、仁寿本地山羊、川中黑山羊、南充黑山羊的效果显著。杂种一代羊6月龄公羊体重达27.33~30.69千克，比本地公羊提高44.24%~94.38%；母羊体重22.01~27.10千克，比本地母羊提高36.46%~117.97%。

第二章 肉羊繁殖新技术

第一节 肉羊配种技术

肉羊诱导发情集中配种技术

（一）概述

在标准化全舍饲状态下，母羊空怀时多养殖一天就会多增加一天的生产成本，若能让母羊及时发情配种投入生产，则可节省母羊空怀期的饲养管理费用。同时，在放牧状态下，母羊发情不整齐或不一致，会导致配种和产羔期较长，不利于集中人力物力投入配种和接羔工作。而且自然发情配种后母羊产羔间隔时间较长，也不利于商品肉羊的批量化生产。因此，在肉羊生产中，应提倡肉羊诱导发情集中配种技术。

诱导发情是在母羊乏情期内，人为地应用外源激素（如促性腺激素、溶黄体激素）和某些生理活性物质（如初乳）及环境条件的刺激等方法，促使母羊的卵巢机能由静止状态转变为性机能活跃状态，从而使母羊恢复正常的发情、排卵，并可进行配种的繁殖技术。诱导发情技术可以打破母羊季节性繁殖规律，控制母羊的发情时间、缩短繁殖周期、增加胎次和产羔数，使母羊年产后代增多，从而提高母羊的繁殖力。该技术还可以调整母羊的产羔季节，可以使肉羊按计划出栏，按市场需求供应羊肉产品，从而提高经济效益。因诱导发情可使母羊在计划内的时间发情，所以，应根据母羊生长状况，确定适宜的配种计划，避免因配种措施不当而引起的不良后果。目前，在养羊生产中，诱导发情基本上采用激素调控的方法来人为地控制和调整母羊自然的发情周期，使一群母羊中的绝大多数能按计划在几天时间内集中发情、集中配种，以缩短配种季节，节省大量的人力物力。同时，又因配种同期化，对以后的分娩产羔、羊群周转以及商品羊的成批生产等一系列的组织管理带来方便，适应了现代肉羊集约化生产或工厂化生产的要求。但在生产上使用该技术需要注意的是，单纯给母羊注射雌激素，如雌二醇、雌酮、雌三醇以及合成激素己烯雌酚和苯甲酸雌二醇等激素制剂，虽然也可以诱导乏情母羊有发情表现，但不能使其排卵。对于黄体持久不消，抑制卵泡发育而表现乏情的母羊，可注射氯前列烯醇溶解持久黄体，使黄体停止分泌孕酮，为卵泡发育创造条件，诱导母羊恢复发情和排卵。

在养羊生产中，适宜进行人工诱导发情的母羊范围较广，包括断奶后的空怀母羊、达到体成熟适宜配种但还未发情的母羊、长期乏情或有一定生殖障碍的母羊等都可采用人工诱导发情技术。

（二）技术特点

1. 肉羊诱导发情方法

在母羊乏情季节，使用外源生殖激素，可诱导母羊发情，使母羊提前配种受孕，从而缩短母羊产羔间隔。对于季节性或生理性乏情的母羊，可用孕马血清促性腺激素（PMSG）并结合孕激素激发乏情母羊卵巢机能的活动。方法是于母羊生殖道内埋置孕激素海绵栓或孕酮硅胶栓（CIDR），绵羊和山羊分别于12～14天、15～18天撤栓并肌肉注射PMSG200～300单位，于撤栓的同时肌注氯前列烯醇0.05毫克，一般都可达到理想的诱导发情处理效果（图2-1）。

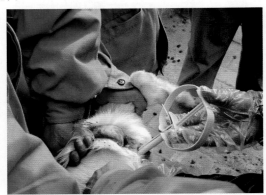

图 2-1 诱导发情

2.发情母羊的集中配种

母羊发情后可采用人工授精法进行大群配种，有利于羊群的繁殖生产管理，同时也有利于羊群遗传改良工作的实施。

（三）成效

目前，在养羊生产中，用上述诱导发情方法处理羊群时，处理母羊发情率一般可达80%以上。对较大母羊群体进行诱导发情处理，撤栓后24～48小时内母羊的同期发情率一般也可达到85%以上。

（四）案例

国家肉羊产业技术体系昆明综合试验站对饲养的努比亚山羊种羊进行诱导发情处理集中配种，母羊的发情率均在90%以上，平均产羔率提高60%，现已形成种羊批量化生产模式，试验站的大部分示范场都已采用人工诱导发情集中配种技术，该技术对提高经济效益有显著效果。

云南省种羊场对138只长期不发情或多次配种但不受孕的种用山羊通过诱导发情处理后，44只母羊怀孕并获得66只断奶羔羊，通过诱导发情获得了一定数量可以重新进行繁殖利用的母羊，增加了生产效益。另外，从云南省近10多年来累计对近万只羊进行的诱导发情处理效果来看，发情率均在80%以上，产羔率可提高20%～80%。

第二节 肉羊人工授精技术

（一）概述

人工授精技术是先用器械采取公羊的精液，经过精液品质检查和一系列处理后，再用器械将精液输入到发情母羊生殖道内，以达到使母羊受精妊娠的目的。此法优点是可大大提高优秀种公羊的利用率，节约大量种公羊的饲养费用，加速羊群的遗传进展，并可防止疾病的传播。

根据精液保存方法，可分为两类：

一是鲜精人工授精技术。又可分为两种方法，①鲜精或1：（2～4）低倍稀释精液人工授精技术，1只公羊一年可配母羊500～1000只以上，比用公羊本交提高10～20倍以上。用这种方法，将采出的精液不稀释或低倍稀释，立即给母羊输精，它适用于母羊季节性发情较明显，而且数量较多的地区。②精液1：（20～50），高倍稀释人工授精技术，1只公羊一年可配种母羊10000只以上，比本交提高200倍以上。

二是冷冻精液人工授精技术。即把公羊精液常年冷冻贮存起来，如制作颗粒或细管冷冻精液。1只公羊一年所采出的精液可冷冻10000～20000粒颗粒，可配母羊2500～5000只。此法不会造成精液浪费，但受胎率较低（30%～40%），成本高。

（二）技术特点

1. 采精种公羊选择与管理

（1）种公羊的选择：种公羊应选择个体等级优秀，符合种用要求，年龄在2～5岁龄，体质健壮、睾丸发育良好、性欲旺盛的种羊。正常使用时，精子的活力在0.7～0.8以上，畸形精子少，正常射精量为0.8～1.2毫升，密度中等以上。

（2）种公羊的管理：放牧饲养时，要选派责任心强、有放牧经验的放牧员放牧，每天的放牧距离不少于7.5千米。种公羊要单独饲养，圈舍宽敞、清洁干燥、阳光充分、远离母羊圈舍。饲料应多样化，保证青绿饲料和蛋白质饲料的供给。配种季节，每天保证喂给2～3个新鲜的鸡蛋（带壳喂给）。

（3）种公羊采精调教：有些初次配种的公羊，采精时可能会遇到困难，此时可采取以下方法进行调教：一是观摩诱导法。即在其他公羊配种或采精时，让被调教公羊站在一旁观看，然后诱导它爬跨。二是睾丸按摩法。即在调教期每日定时按摩睾丸10～15分钟，经几天后则会提高公羊性欲。三是发情母羊刺激法。用发情母羊做台羊，将发情母羊阴道黏液或尿液涂在公羊鼻端，刺激公羊性欲。四是药物刺激法，即对性欲差的公羊，隔日每只注射丙睾丸素1～2毫升，连续注射3次后可使公羊爬跨。

2. 器材准备

凡供采精、检查、输精及与精液接触的器械和用具，均应清洗干净，再进行消毒。尤其是新购的器械，应细心擦去上面的油质，除去一切积垢。器械和用具的洗涤，应用2%～3%

小苏打热溶液，洗涤时可用试管刷、手刷或纱布。经过上述方法处理的器械、用具，再分别进行煮沸、酒精及火焰消毒。

假阴道用 2%～3% 的小苏打溶液洗涤后再用温开水冲洗数次（尤其要把内胎上的凡士林及污垢洗干净）后用消毒纱布擦干，再用 70% 的酒精消毒，当酒精气味挥发完后用 1% 的盐水棉球擦洗 2～3 次，即可使用，不用时要用消毒纱布盖好。

集精瓶、输精器、吸管、玻璃棒、存放稀释液和生理盐水等玻璃器皿应煮沸消毒后擦干，一般煮沸时间为 15～20 分钟，临用前再用 1% 的盐水冲洗 3～5 次，在操作过程中循环使用的集精瓶、输精器等器械，可用 1% 的盐水冲洗数次后继续使用，最好不要与酒精接触。

金属开膣器、镊子、磁盘、磁缸等均用酒精或酒精火焰烧烤。

水温计每次操作前先用酒精消毒，酒精挥发后再用盐水棉球擦洗数次。

凡士林每天煮沸消毒一次，每次为 20 分钟。

70% 酒精、1% 氯化钠溶液、重碳酸钠溶液、各种棉球置于广口玻璃瓶内备用。

种公羊精液品质检查表、母羊配种记录表、精液使用登记表、日常事务记录等准备完备。

3. 采精

（1）假台羊准备：选择发情好的健康母羊作台羊，后躯应擦干净，头部固定在采精架上（架子自制，离地一个羊体高）。训练好的公羊，可不用发情母羊作台羊，还可用公羊作台羊、假台羊等都能采出精液来。

（2）种公羊准备：种公羊在采精前，用湿布将包皮周围擦干净。

（3）安装假阴道：将内胎用生理盐水棉球或稀释液棉球从里到外的擦试一遍，在假阴道一端扣上集精瓶（也要消毒后用生理盐水或稀液冲洗，在气温低于 25℃ 时，夹层内要注入 30～35℃ 温水）。从外壳中部的注水孔注入 150 毫升左右的 50～55℃ 温水，拧上气卡塞，套上双连球打气，使假阴道的采精口形成三角形，并拧好气卡。最后把消毒好的温度计插入假阴道内测温，温度以 39～42℃ 为宜，在假阴道内胎的前 1/3 涂抹稀释液或生理盐水作润滑剂，便可用于采精（图 2-2）。

（4）采精操作：将公羊腹部的粪便杂质用毛巾或纱布擦拭干净。采精员蹲在台羊右侧后方，以右手将假阴道横握，使假阴道与母羊臀部的水平线呈 35～40 度角，口朝下，当公羊爬上母羊身上时，不要使假阴道外壳或手碰着公羊的阴茎、龟头，以左手将阴茎轻快导入假阴道内，让公羊自行抽动，握紧假阴道不动，射精后，立即将假阴道口朝上倾斜放气，取下集精瓶，加盖送到检查室（图 2-3）。

（5）采精应注意的问题：采精的时间、地点和采精员要固定，有利于公羊养成良好的条件反射。采精次数要合理，种公羊每天可采精 1～2 次，特殊情况可采 3～4 次。二次采

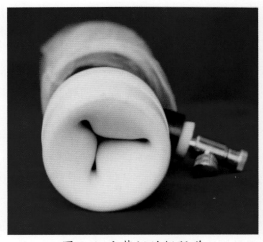

图 2-2 安装好的假阴道

精后休息两小时，方可进行第三次采精。为增加公羊射精量，不应让公羊立即爬跨射精，应先让公羊靠近数分钟后再让爬跨，以刺激公羊的性兴奋。要一次爬跨即能采到精液。多次爬跨虽然可以增加采精量，但实际精子数增加的并不多，容易造成公羊不良的条件反射。保持采精现场安静，不要影响公羊性欲。应注意假阴道的温度。

图 2-3 公羊采精

4. 精液品质检查

（1）肉眼观察。公羊的正常射精量为 1.0 毫升，范围是 0.5～2.0 毫升。正常精液为乳白色，无味或略带腥味，凡带有腐败味，出现红色、褐色、绿色的精液均不可用于输精。用肉眼观察精液，可见由于精子活动所引起的翻腾滚动、极似云雾的状态，精子密度越大、活力越强，则云雾状越明显。

（2）精子活率检查。原精液活率一般可达 0.8 以上。检查方法是：在载玻片上滴原精液或稀释后的精液 1 滴，加盖玻片，在 38℃温度下显微镜（可按显微镜大小自制保温箱，内装 40 瓦灯泡 1 只）检查。精子活率是以直线前进运动精子百分率为依据的，通常用 0.1～1.0（即 10%～100%）的十级评分法表示。

（3）密度检查。正常情况下，每毫升羊精液中含精子数为为 30 亿，范围是 10 亿～50 亿。在检查精子活率的同时进行精子密度的估测。在显微镜下根据精子稠密程度的不同，一般将精子密度评为"密"、"中"、"稀"三级，其中，"密"级为精子间空隙不足一个精子长度，"中"级为精子间空隙有 1～2 个精子长度，"稀"级为精子间空隙超过 2 个精子长度以上，"稀"级不可用于输精。

5. 精液处理

（1）精液低倍稀释法：此法适用于短时间内就近输精的精液处理，不需降温保存。

建议使用奶类稀释液，即用鲜牛奶或鲜羊奶，煮沸消毒，冷却，用 4～5 层纱布过滤（除去奶皮）后即可使用。稀释方法是：按原精液的 2～4 倍稀释，即把稀释液加温到 30℃，再缓慢加到原精液中，摇匀后即可使用。

（2）精液高倍稀释法：可选择以下两种稀释液进行稀释。

稀释液一：葡萄糖 3 克，柠檬酸钠 1.4 克，EDTA（乙二胺四乙酸二钠）0.4 克，加蒸馏水至 100 毫升，溶解后水浴煮沸消毒 20 分钟，冷却后加青霉素 10 万单位，链霉素 0.1 克。若再加 10～20 毫升卵黄，可延长精子存活时间。

稀释液二：葡萄糖 5.2 克，乳糖 2.0 克，柠檬酸钠 0.3 克，EDTA0.07 克，三羟甲基氨基甲烷 0.05 克，蒸馏水 100 毫升，溶解后煮沸消毒 20 分钟，冷却后加庆大霉素 1 万单位，卵黄 5 毫升。

分装保存有两种方法：一是小瓶中保存，即把高倍稀释精液，按需要量（数个输精剂量）装入小瓶，盖好盖，用蜡封口，包裹纱布，套上塑料袋，放在装有冰块的保温瓶（或保存箱）中保存，保存温度为 0～5℃。 二是塑料管中保存，即在精液以 1:40 倍稀释时，以

0.5毫升为一个输精剂量，注入饮料塑料吸管内（剪成20厘米长，紫外线消毒），两端用塑料封口机封口，保存在自制的泡沫塑料的保存箱内（箱底放冻好的冰袋，再放泡沫塑料隔板，把精液管用纱布包好，放在隔板上面，固定好）盖上盖子，保存温度大多在4～7℃，最高到9℃，精液保存10小时内使用。这种方法，可不用输精器，经济实用。无论哪种包装，精液必须固定好，尽可能减轻振动。

6.输精

（1）母羊发情鉴定。

母山羊发情外部表现较明显，发情时发出叫声，食欲减退，兴奋不安，对外界刺激反应敏感，摇头摆尾，有交配欲，喜欢接近公羊，在公羊追赶爬跨时常站立不动，让公羊交配；阴门肿大，流出黏液。用试情公羊进行试情，发情母羊接受公羊爬跨，站立不动，或母羊围着公羊旋转，并不断摇尾。

（2）输精时间安排。同第一节中技术特点相关内容。

（3）输精量确定。原精液输精每只羊每次输精0.05～0.1毫升，低倍稀释为0.1～0.2毫升，高倍稀释为0.2～0.5毫升，冷冻精液为0.2毫升以上。输精操作时母羊采取倒立保定法，保定人将母羊头夹紧在两腿之间，两手抓住母羊后腿，将其提到腹部，保定好不让羊动，母羊成倒立状。用温布把母羊外阴部擦干净，即待输精。此法没有场地限制，任何地方都可输精。

输精方法有两种：

一是子宫颈口内输精法：将经消毒后在1%氯化钠溶液浸涮过的开膣器装上照明灯（可自制），轻缓地插入阴道，打开阴道，找到子宫颈口，将吸有精液的输精器通过开膣器插入子宫颈口内，深度约1厘米。稍退开膣器，输入精液，先把输精器退出，后退出开膣器。进行下只羊输精时，把开膣器放在清水中，用布擦去粘在上面的阴道黏液和污物，擦干后再在1%氯化钠溶液浸涮过；用生理盐水棉球或稀释液棉球，将输精器上粘的黏液、污物自口向后擦去（图2-4）。

二是阴道底部输精法：将装有精液的塑料管从保存箱中取出（需多少支取多少支，余下精液仍盖好），放在室温中升温2～3分钟后，将管子的一端封口剪开，挤1小滴镜检活率合格后，将剪开的一端从母羊阴门向阴道深部缓慢插入，到有阻力时停止，再剪去上端封口，精液自然流入阴道底部，拔出管子，把母羊轻轻放下，输精完毕。

（三）成效

人工授精技术是一项成熟的技术，随着基层技术人员的技术水平提高，人工授精技术得到快速推广。使发情期受胎率达到90%以上，产羔率近160%，对于快速繁殖优质肉羊、提高种公羊的利用率、防止疫病传播发挥了很大的作用，产生了良好的生产效益。

图2-4 子宫颈口内输精

（四）案例

江苏省海门市，地处长江三角洲，交通便利。多年来，利用羊人工授精技术，全市设一个改良站制作高倍稀释精液，每个乡镇均设立输精点，实行统一供精，一只种公羊每年配种母羊10000～15000只，情期受胎率达90%。

第三节　胚胎移植技术

一、肉羊超数排卵及胚胎回收技术

（一）概述

绵羊和山羊胎产羔数较少，繁殖力在很大程度上限制了生产力的发挥。随着生物技术的发展，超数排卵从某种程度上解决了这一问题。应用外源性促性腺激素诱发母羊卵巢多个卵泡发育并排出具有受精能力的卵子的方法，称为超数排卵，简称"超排"。超数排卵是以胚胎移植技术为核心发展起来的系列化胚胎生物技术之一，是胚胎移植技术在生产上进行规模化应用的前提。

母羊的超数排卵，通常是在发情周期的前几天以人为的方法使用药物，使机能性黄体消退，这时卵巢上的卵泡正处于开始发育时期，用适当剂量的促性腺激素处理，则提高了供体羊体内的促性腺激素水平，从而使卵巢上产生较自然状况下数量多十几倍的卵子，并在同一时期内发育成熟，以致集中排卵。目前，生产上用于超数排卵的促性腺激素药物主要有两种：一是孕马血清促性腺激素（PMSG）；二是垂体促性腺激素（FSH、LH）。

超数排卵的效果会受到动物遗传特性、体况、年龄、发情周期的阶段、产后时间的长短、卵巢功能、季节、激素的品质和用量等多种因素影响。在胚胎移植实践中，使用相同的超排方案对不同羊群进行处理，经常会出现不同的超排结果；同一羊群在不同时期的超排效果也不尽一致，甚至同一个体每次的超排反应也不相同。导致这种现象的根源是由于母羊的生殖调控是一个复杂的生理过程，目前，人们对其机理的认知还是非常有限，无法从根本上控制卵泡的发育和排卵，这也是胚胎移植技术研究的主要问题之一。从目前生产上的情况来看，可以从以下几个方面采取措施，来提高母羊的超排效果。

一是要选择合适的羊群和个体。品种、个体、年龄和生理状态直接影响超排的效果。在同一个品种内，不同个体对超排反应的效果也是不一致的，并且这种结果还具有重复性和遗传性。因此，经过一次超数排卵后，可以将那些超排效果好的母羊个体和后代挑选出来，用于以后的胚胎生产。同时，经产母羊的超排效果要好于青年母羊，并且随着胎次的升高，效果会越来越好。另外，在泌乳、哺乳、反复超排和产后期的母羊，其生殖机能处于恢复或新的动态平衡中，外源激素处理后的反应较差。因此，连续超排处理4～5次后，要使其妊娠一胎，待其产羔后再继续使用。供体母羊应具备遗传优势，在育种或生产上有较高价值。作为肉羊应选择生长速度快、屠宰率高、繁殖率高、有一定特色和良好市场需求的母羊品种作为供体。同时供体应遗传稳定、系谱清楚、体质健壮、繁殖机能正常、无遗传和传染疾病、年龄在 2～5 岁。重复利用的供体，两次超排的时间间隔不得短于一个月。同时根据供体母羊情况选择相应的性欲好、配种能力强、精液品质好的公羊，对提高卵子受精率非常重要。二是要采取规范的饲养和管理。供体母羊被确定后，要进行规范的饲养管理，主要从羊舍的环境卫生、疾病防疫、日粮营养水平和防止应激等方面入手。三是要采用优质药品和科学方案。超数排卵处理的药品直接影响胚胎的产出率。目前，国内外生产的一些激素制剂在纯度和活性方面变异较大，在选择激素时，要注意生产厂商和产品的生产批次。

超数排卵后获得的多枚胚胎，从养羊生产的情况来看，目前，仍是主要采取手术法进行回收。手术收集的部位根据胚胎发育时期的不同，一般分为输卵管收集和子宫收集。

（二）技术特点

1. 超数排卵处理的方法

（1）应用国产激素超排（FSH-PG 法）。在供体羊发情周期的任意一天埋置阴道海绵栓或孕酮硅胶栓（CIDR），从埋栓后的第 13 天开始，每天两次间隔 12 小时递减肌肉注射促卵泡素（FSH），总量 6.0～7.0 毫克，3 天共注射 6 次，在第 5 次注射 FSH 时撤栓并肌注前列腺素（PG）0.2 毫克，24 小时后供体羊发情，发情后 12 小时静脉注射促黄体素（LH）100～150 单位，并开始配种。如果 FSH 未注射完供体羊已发情，即停止注射 FSH，并立即注射 LH。

（2）应用进口激素超排（孕激素 +FSH 法）。在供体羊发情周期的任意一天阴道埋置第一个孕酮硅胶栓（CIDR）（定义为第 1 天），第 10 天换第二个 CIDR 栓，第 16 天开始连续 4 天等量注射 FSH，每天 2 次，第 7 次注射 FSH 时，取出 CIDR 栓，取栓后 24 小时供体羊发情。发情后开始第 1 次配种，之后间隔 12 小时进行第 2 次、第 3 次配种。

超数排卵处理后应对发情母羊及时和有效地配种。FSH 注射完毕后，随即每天早晚用试情公羊对超数排卵供体母羊进行试情，以母羊站立接受试情公羊爬跨作为发情的标准。发现母羊发情后及时配种，之后每间隔 12 小时配种一次，直至不发情为止。

2. 胚胎回收

（1）输卵管法。供体羊发情后 2～3 天从输卵管采集 2～8 细胞期胚胎。回收时将冲卵管一端由输卵管伞部的喇叭口插入，约 2～3 厘米深，另一端接集卵皿，用注射器吸取 37℃的冲卵液 5～10 毫升，在子宫角靠近输卵管的部位，将针头朝输卵管方向扎入，由一人操作，一只手的手指在针头后方捏紧子宫角，另一只手推注射器，冲卵液即由宫管结合部流入输卵管，经输卵管伞部流至集卵皿。这种方法胚胎回收率高，胚胎质量好，但对输卵管损伤大，易造成输卵管堵塞。这时期回收到的胚胎不适于冷冻保存和分割操作。

（2）子宫法。在超排母羊发情后 6～7 天采用手术法从子宫角采集桑椹胚至扩张囊胚期胚胎，此时的胚胎可用于鲜胚移植、冷冻、分割及其他研究。该法对输卵管损伤小，尤其不触及伞部，回收的胚胎适宜进行冷冻保存和分割。利用手术拉出子宫，用小号止血钳在子宫体基部打孔，将冲卵管插入，依据羊只发情到冲胚当天时间间隔，使气囊位于子宫角适当地方，冲卵管尖端靠近子宫角前端。使用 5 毫升一次性注射器缓慢打气，根据子宫情况，注入 3 ～ 4 毫升气体，冲卵管另一端接大培养皿。用套管针在子宫角细部无血管处插入，外接抽取 20 毫升 PBS 液的注射器，左手大拇指和食指在套管针头后方捏紧子宫角细部，右手推注射器，缓慢平稳的注入液体，使液体顺畅地从冲卵管流入培养皿中待检。回收完一侧胚胎后，用注射器给冲卵管前端气囊放气，抽出冲卵管和套管针，用同样方法回收另一侧胚胎（图 2-5）。

回收到的胚胎经过质量鉴定后，可用于鲜胚移植、冷冻保存、胚胎分割、性别鉴定及其他科学研究等用途。

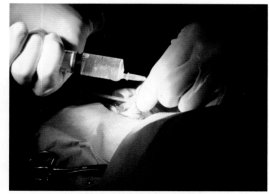

图 2-5 冲卵（胚胎回收）

（三）成效

从目前国内超数排卵的效果来看，一般本地良种肉山羊经超排处理后，平均排卵数能达 8 ～ 11 枚，而国外进口良种肉山羊如波尔山羊、努比亚山羊通过超排处理后能排出 12 ～ 20 枚，最高者可达 60 枚。肉用绵羊经处理后平均可排卵 5 ～ 10 枚。

（四）案例

案例一：云南省畜牧兽医科学院从 2000 年开展肉羊超数排卵、胚胎移植技术研究及示范推广以来，已累计超数排卵处理良种供体羊 1800 余只，生产可用胚胎 2 万余枚，整体情况看，繁殖率越高的羊超排效果越好，波尔山羊和努比亚山羊平均回收可用胚胎 14 ～ 18 枚，最高为 56 枚，本地肉山羊平均获 8 ～ 12 枚可用胚，本地绵羊可获 5 ～ 8 枚可用胚胎。

案例二：甘肃省永昌肉用种羊场，选取体质结实健康、无繁殖疾病、无空胎史，年龄在 2.5 岁以上，并且产羔 40 天以后的波德代、无角陶赛特两个品种的母羊 35 只为供体，用孕激素 +FSH 法进行超排处理，总共获得鲜胚 219 枚，其中，有效胚胎 167 枚。在此基础上，又组织供体羊 97 只，进行上述超排处理，共获得鲜胚 766 枚，其中，有效胚胎 619 枚。取得了较好的超排效果，达到了国内同类研究的前沿水平。

二、肉羊胚胎移植技术

（一）概述

胚胎移植是从超数排卵处理的母羊（供体）的输卵管或子宫内取出许多早期胚胎，移植到另一群母羊（受体）的输卵管或子宫内，以达到产生供体后代的目的。供体通常是选择优良品种或生产性能高的个体，其职能是提供移植用的胚胎；而受体则只要求是繁殖机能正常的一般母羊，其职能是通过妊娠使移植的胚胎发育成熟，分娩后继续哺乳抚育后代。受体母羊并没有将遗传物质传给后代，所以，胚胎移植实际上是以"借腹怀胎"的形式产生出供体的后代。这是一种使少数优良供体母羊产生较多的具有优良遗传性状的胚胎，使多数受体母羊妊娠、分娩而达到加快优良供体母羊品种繁殖的一种先进繁殖生物技术。如果说人工授精技术是提高良种公羊利用率的有效方法，那么胚胎移植则为提高良种母羊的繁殖力提供了新的技术途径。

胚胎移植技术充分发挥了母羊的繁殖潜力，从而有效的促进遗传改良，可以在短时间获得大批的良种后代，大大加速了良种化进程。通过引进优秀种羊的胚胎，可以规避活畜引进费用高、检疫烦琐和数量有限等不足，所以，目前国际间家畜良种引进的途径，主要是通过胚胎的运输代替种畜的进出口。而且通过引进胚胎繁殖的家畜，由于在当地生长发育，较容易适应本地区的环境条件，并从当地母畜得到一定的免疫能力。另外，胚胎冷冻保存技术的发展，也为品种资源的长期保存开辟了新的途径，可以建立动物遗传资源保存库，防止因大规模杂交改良而造成的地方良种基因资源的消亡丧失，因而该技术目前也是长期保存遗传资源最有效的方法之一。

自1934年绵羊胚胎移植成功以来，各种家畜以及实验动物的胚胎移植相继成功，特别是牛的胚胎移植发展很快。在畜牧业发达国家，羊的胚胎移植技术自20世纪70年代中期就已从实验室逐步转入实际生产应用。目前，有些国家的绵羊胚胎移植技术已经达到商业化实际应用阶段。如澳大利亚、新西兰和加拿大等国家都有自己的胚胎移植机构和公司，相关业务已在全球广泛开展。我国的胚胎移植技术起步相对较晚，1974年首先在绵羊上成功地进行了胚胎移植，1980年又在山羊上获得成功。20世纪90年代后期绵羊胚胎移植技术在我国快速发展，肉用绵羊如萨福克、道赛特、特克赛尔和夏洛来等胚胎的移植群体数量具有较大的规模。国内的试验结果表明，从一只供体母羊一次发情配种后，利用胚胎移植最多获得10只以上的羔羊。我国"十五"期间科技部重大专项"肉羊舍饲养殖关键技术研究与产业化示范"，明确要求利用胚胎移植技术迅速扩大良种肉羊数量。

胚胎移植的完整技术程序包括：供体母羊的选择和检查；供体母羊发情周期记载；供体母羊超数排卵处理；供体母羊的发情和人工授精；受体母羊的选择；受体母羊的发情记载；供体、受体母羊的同期发情处理；供体母羊的胚胎收集；胚胎的检验、分类、保存；受体母羊移入胚胎；供体、受体母羊的术后管理；受体母羊的妊娠诊断；妊娠受体母羊的管理及分娩；羔羊的登记。从移植的技术过程来看，目前主要是采用手术法和腹腔镜法进行胚胎移植。该过程也是整个胚胎移植程序中的关键部分。

（二）技术特点

1. 受体羊的选择和饲养管理

接受胚胎移植的受体母羊应有正常的发情周期，无繁殖机能疾病，产羔性能和哺乳能力良好，无流产史，膘情中上等，年龄在 2～6 岁之间，重复利用的受体母羊应选择上次移植胚胎后顺利妊娠并产羔的羊只。受体羊应单独组群加强饲养管理，保持环境相对稳定，避免应激反应。带羔母羊在同期发情处理前一个月需强行断奶。对于新购进羊只须进行驱虫和综合免疫处理，隔离观察后复膘并适应新环境，发情周期正常后再安排使用。在不确定受体母

图 2-6 受体母羊及移植的后代

羊是否为空怀羊的情况下，推荐受体群于同期发情埋栓处理前一个月统一肌肉注射前列腺素（PG）0.2 毫克／只羊，让怀孕羊只统一流产（图 2-6）。

2. 受体同期发情处理

在发情周期内的任意一天在生殖道内埋置孕酮海绵栓或孕酮硅胶栓（CIDR），绵羊和山羊分别于 12～14 天、15～18 天撤栓并肌肉注射 PMSG（孕马血清促性腺激素）200～300 单位，撤栓后 12～48 小时内发情率能在 85% 以上。

3. 移植胚胎

与供体羊发情时间或胚龄相应时间在 ±12 小时内的受体羊适宜进行胚胎移植，用手术法或腹腔内窥镜观察发情母羊卵巢上的排卵情况，只有发情排卵产生黄体的受体才适合移植胚胎。受体羊手术前需空腹 12～24 小时，每千克体重肌注 0.02～0.04 毫升 2% 盐酸赛拉唑注射液（静松灵），头部朝下倒置仰卧保定于专用手术架，倾斜 30～45 度角，手术部位刮毛、消毒，盖上创巾。

（1）手术法移植胚胎：使预定的切口暴露在创巾开口的中部，避开较大血管，切开皮肤后钝性分离肌肉，剪开腹膜用食指和中指拉出子宫和卵巢，观察卵巢上黄体情况后把 1～2 枚胚胎移入黄体较好侧输卵管（2～16 细胞胚胎）或子宫角（桑椹胚至囊胚期胚胎）内后进行创口缝合等处理。

（2）腹腔镜法移植胚胎：为重复使用受体羊，避免造成受体羊子宫粘连，缩短手术时间，可采用非手术法移植，也就是利用腹腔内窥镜与子宫钳配合，无需切开腹腔即可进行移植的方法。使用该技术时，首先使受体羊保定于特制的手术架，用手术刀片在腹中线两侧，距乳房 2 厘米处，各切一个 1～1.5 厘米的小口，用与腹腔镜配套的专用打孔器将腹膜、肌肉打通，在两侧刀口内放入腹腔镜和子宫钳，在子宫不暴露于体外的情况下，利用腹腔镜观察卵巢上黄体发育情况。如有黄体并且子宫情况良好，则用子宫钳夹住子宫角尖端系膜，将其拉出，用曲别针制成的打孔针在子宫角打孔，将装有胚胎的移植枪朝子宫角方向推出胚胎。

（三）成效

目前，我国许多省、市、自治区都已大规模启动羊胚胎移植工程。据不完全统计，目前绵羊鲜胚移植妊娠率达 54.4% ～ 60%，高水平的可达 70.8%，移植后的双胎率可达 33.3%，冷冻半胚移植妊娠率达 52.4%，双胎率为 30.6%。山羊鲜胚移植妊娠率达 75%，冷冻胚胎移植妊娠率平均达 60% 左右（图 2-7）。

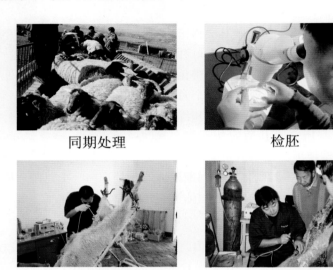

| 同期处理 | 检胚 |
| 腹腔检查 | 现场指导 |

图 2-7 腹腔镜法移植胚胎

（四）案例

云南省畜牧兽医科学院从 2000 年开展肉羊胚胎移植技术研究及示范推广以来，在云南省及国内 6 个省进行了肉羊胚胎移植技术规模化推广应用，通过胚胎移植生产良种 1 万余只。山羊和绵羊鲜胚移植产羔率分别达 58.87% 和 63.64%，山羊冻胚移植产羔率达 48.36%。

第四节 高频繁殖产羔技术

频繁产羔技术

（一）概述

羊的频繁产羔体系，是随着工厂化高效养羊，特别是肉羊及肥羔生产而迅速发展的高效生产体系。这种生产体系指导思想是：采用繁殖生物工程技术，打破母羊的季节性繁殖的限制，一年四季发情配种，全年均衡生产羔羊，充分利用饲草资源，使每只母羊每年所提供的胴体重量达到最高值。高效生产体系的特点是：最大限度发挥母羊的繁殖生产潜力，依市场需求全年均衡供应肥羔上市，资金周转期缩短，最大限度提高养羊设施的利用率，提高劳动生产率，降低成本，便于工厂化管理。目前，频繁产羔体系在养羊生产中应用的较为普遍的是一年两产和两年三产体系。

母羊的一年两产或两年三产，是在充分利用现代营养、饲养和繁殖技术的基础上发展起来的一种新的繁殖生产体系。在实施该生产体系时，必须与羔羊的早期断奶、母羊的营养调控、公羊效应等技术措施相配套，才能取得理想的生产效果。

（二）技术特点

1. 母羊繁殖的营养调控

一般来讲，营养水平对羊季节性发情活动的启动和终止无明显作用，但对排卵率和产羔率有重要作用。在配种之前，母羊平均体重每增加 1 千克，其排卵率提高 2% ~ 2.5%，产羔率则相应提高 1.5% ~ 2%。由于体重是由体形和膘情决定的，所以，影响排卵率的主要因素不是体形，而是膘情，即膘情是中上等以上的母羊排卵率高。配种前母羊日粮营养水平，特别是能量和蛋白质对体况中等和差的母羊的排卵率有显著作用，但对体况良好的母羊的作用则不明显。在此基础上，在母羊配种前 5 ~ 8 天，提高其日粮营养水平，可以使排卵率和产羔率有显著提高。另外，日粮营养水平对早期胚胎的生长发育也有重要作用。

2. 公羊效应

在新型的肉羊生产体系中，在非繁殖季节将公羊和繁殖母羊严格隔离饲养，要求母羊闻不到公羊气味，听不见公羊的叫声和看不到公羊。这样在配种季节来临之前，将公羊引入母羊群中，一般 24 小时后有相当部分的母羊出现正常发情周期和较高的排卵率。这样不仅可以将配种季节提前，而且可以提高受胎率，便于繁殖生产的组织管理。

3. 羔羊早期断奶

哺乳会导致垂体前叶促乳素分泌量增高，从而会使得垂体促性腺激素的分泌量和分泌频率的不足，因此，母羊不能发情排卵。要达到一年两产和两年三产的目的，必须重视羔羊的培育工作，尽早断奶。目前生产的早期断奶时间有两种，一是生后一周断奶，二是生

后 40 天断奶。但生产上仍大多采用 40 天断奶的方法。

羔羊断奶有两种主要方法:一次性断奶和逐渐断奶,规模羊场一般多采用一次性断奶。即将母仔一次性分开,不再接触。逐渐断奶是在预定的断奶日期前几天,把母羊赶到远离羔羊的地方,每天将母羊赶回,让羔羊吃几次奶,并逐渐减少羔羊吃奶的次数直到断奶。断奶对羔羊是一个较大的刺激,处理不当会引起羔羊生长缓慢。为此可采取断奶不离圈,断奶不离群的方法,即将羔羊留在原羊圈舍饲养,母羊另外组群。尽量保持羔羊原有的生活环境,饲喂原来的饲料,减少对羔羊的不良刺激和对生长发育的影响。羔羊断奶后要加强补饲,日粮的精粗比应在 6:4,高品质的蛋白质饲料或优质青干草要占一定比例。

早期断奶必须使初生羔吃上 1 ～ 2 天的初乳,否则不易成活。在进行早期断奶时,饲喂的开食料应为易消化、柔软且具有香味的湿料。断奶后应选择优质青干草进行饲喂。同时,羊舍要保持清洁、干燥,预防羔羊下痢的发生。

4. 实施计划安排

实施一年两产技术体系时,应按照一年两产生产的要求,制订周密的生产计划,将饲养、兽医保健、管理等融为一体,最终达到预定生产目标。从已有的经验分析,该生产技术密集、难度大,但只要按照标准程序执行,一年两产的目的是可以达到的。一年两产的第一产宜选在 12 月份,第二产宜选在 7 月份。两年三产是国外 20 世纪 50 年代后期提出的一种生产体系,沿用至今。实施两年三产技术体系时,母羊必须 8 个月产羔一次。一般有固定的配种和产羔计划:如 5 月份配种,10 月份产羔;1 月份配种,6 月份产羔;9 月份配种,翌年 2 月份产羔。羔羊一般是 2 月龄断奶,母羊断奶后一个月配种。为了达到全年的均衡产羔,在生产中,一般将羊群分成 8 个月产羔间隔相互错开的 4 个组,每 2 个月安排 1 次生产。这样每隔 2 个月就有一批羔羊屠宰上市。如果母羊在第一组内妊娠失败,2 个月后可参加下一组配种。

(三)成效

从生产实践的情况来看,一年两产体系可使母羊的年繁殖率比一年一产生产模式下的水平提高 90% ～ 100%,在不增加羊圈设施投资的前提下,母羊生产力提高 1 倍,生产效益提高 40% ～ 50%。用两年三产体系组织生产时,生产效率比一年一产体系增加 40% 左右。

(四)案例

甘肃永昌肉用种羊场通过加强对种公、母羊的选择(引入产自多胎的公、母羊)和培育(培育母羔,10 ～ 12 月龄开始配种),加强饲养管理,新生羔羊实行 2 ～ 2.5 月龄断奶和适时组织配种工作等措施,实施两年三产的密集产羔体系,取得了显著的生产效果。

第三章 饲草料利用及加工技术

第一节 饲草种植技术

一、墨西哥玉米种植技术

（一）概述

　　墨西哥饲用玉米原产于中美洲的墨西哥和加勒比群岛以及阿根廷。中美洲各国、美国、日本南部和印度等地均有栽培，我国于 1979 年从日本引入。墨西哥饲用玉米为禾本科类蜀黍属一年生草本植物，须根发达，茎秆粗壮，直径 1.5 ～ 2 厘米，直立，丛生，高约 3 米。叶片披针形，叶面光滑，中脉明显。花单性，雌雄同株，雄花顶生，圆锥花序，多分枝；雌花为穗状花序，雌穗多而小，从距地面 5 ～ 8 节以上的叶腋中生出，每节有雌穗 1 个，每株有 7 个左右，每穗有 4 ～ 8 节，每一小穗有一小花，授粉后发育成为颖果，4 ～ 8 个颖果成串珠状排列。种子长椭圆形，成熟时褐色，颖壳坚硬，千粒重 75 ～ 80 克（图 3-1）。

图 3-1 墨西哥饲用玉米

（二）特点

1. 适种地区

　　种子发芽的最低温度为 15℃，最适温度为 24 ～ 26℃。生长最适温度为 25 ～ 35℃。耐热，能耐受 40℃ 的持续高温。不耐低温霜冻，气温降至 10℃ 以下生长停滞，0 ～ 1℃ 时死亡。年降水量 800 毫米以上，无霜期 180 ～ 210 天以上的地区均可种植。对土壤要求不严，适合 pH 值 5.5 ～ 8 土壤。我国广东、广西、福建、浙江、江西、湖南、四川等多省（区）都适宜栽培，也可在华北、东北、西北等地种植，但不结实。

2. 播种方式

　　依据各地土壤、生产、气候条件，栽培模式可分为 4 种：春播—夏收—夏播—秋收—二次青贮；夏收—重茬—秋收—青贮；春播—先收籽粒—青贮—收割茎叶—青贮；春播套种玉米—夏收青贮—秋收套种作物。

3. 种植要求

　　适期范围应尽量早播，种植密度为每公顷 9 万～ 12 万株。播种时，施足底肥，根据

生育进程，合理施肥，重施拔节肥，适当补穗肥。

4.田间管理

苗期或移栽初期应除草一次并保持土壤湿润。每收割一次，可在当天或第二天结合灌水及除草松土，每亩（1亩约为667平方米，全书同）施尿素7.5千克，在生长期间如遇蚜虫或红蜘蛛侵袭，可用40%乐果乳剂1000倍液喷施杀灭。

5.收获时间

墨西哥玉米草株高3米，茎叶繁茂。播后30天进入快速生长期，每株可分蘖20株以上，多者可达60～70株。播后45天株高50厘米以上时开始收割，应留茬5厘米，以利速生。此后每隔20天可再割，全生育期可割4～5次。

（三）成效

据测定，墨西哥玉米单株鲜重750克以上，果穗不低于鲜重的10%，如管理得当，每亩可产青饲草3万千克以上。其风干物中含干物质86%、能量14.46兆焦/千克、粗蛋白13.8%、粗脂肪2%、粗纤维30%、无氮浸出物72%，其营养价值高于普通食用玉米。该饲草茎叶柔嫩，清香可口，营养全面，畜禽及鱼类喜食。可将鲜茎叶切碎或打浆饲喂畜禽及鱼类，如用不完，可将鲜草青贮或晒干粉碎供冬季备用。青贮应在开花后刈割，每亩可收1万～1.5万千克。专做青贮时，可与豆科的大翼豆、山蚂蟥蔓生植物混播，以提高青贮质量。

二、紫花苜蓿种植技术

（一）概述

紫花苜蓿为豆科苜蓿属多年生直立型草本植物，原产于古波斯（今伊朗）和中亚西亚。紫花苜蓿家族中有紫花苜蓿、黄花苜蓿、紫黄花混合的杂花苜蓿，均为高产的优良饲料。我国西北、东北、华北各省均有大面积种植。紫花苜蓿生长期为15～20年，高产期3～6年，根系发达，主要分布在20～30厘米的土层。茎直立或斜生，基部多分枝，茎秆粗2～4毫米，株高0.9～1.3米。叶多，全株叶片是鲜草重的45%～50%。

（二）特点

1.适种地区

紫花苜蓿种子在5～6℃即能发芽，最佳发芽温度为25℃，紫花苜蓿生长最适温度是日平均气温15～21℃。在日均温度不超过25℃条件下，叶片面积和总重量都最大，35～40℃的酷热条件下则生长受到抑制。紫花苜蓿耐寒能力较强，停止生长的温度为3℃左右，幼苗可耐零下6～7℃的低温，成株的根能耐零下25℃的严寒，有的品种在零下40℃的低温环境中仍能安全越冬。紫花苜蓿因根系强大，能吸收土壤中的水分，耐干旱能力强。紫花苜蓿特别怕涝，水泡4小时即能使根系死亡。紫花苜蓿对土壤要求不严格，除重盐碱地、低洼内涝地、重黏土地外，其他土壤都能种植。温带和寒冷地带均能生长，一般北方各省宜春播或夏播，黄淮海地区还可秋播，长江流域 3 ～ 10 月份都可播种。

2. 播种方式

一年四季都可播种。可条播也可撒播；可单播，也可与禾本科牧草混播。条播行距一般为 30 ～ 40 厘米，成苗率较高，生长期能满足通风透光的要求，也利于中耕除草和灌溉。撒播，是一种将种子撒在地面后，用耙子搂一遍，浅覆土，在雨水较多情况下出苗良好。

3. 种植要求

紫花苜蓿播种量应根据自然条件、土壤条件、播种方式和利用目的决定，收牧草用的，播种量大些，收种用则小些，土地不肥沃，苜蓿分蘖少，播种量需大些，干旱地区水分不足不可过密，密则使幼苗发育不良。一般情况紫花苜蓿每公顷用种 7.5 ～ 15 千克，干旱地区 7.5 ～ 11.5 千克，湿润地区 15 ～ 19 千克，理想种植密度为每平方米 135 ～ 270 株。紫花苜蓿种子小，不宜深种。湿土浅播，干土稍深，具体视土类而定，一般覆土 2 ～ 3 厘米，沙质土 3 厘米，黏土 2 厘米。

4. 田间管理

土地贫瘠播种时需用有机肥（农家肥或生物有机肥），磷肥做底肥（农家肥 20 ～ 30 吨，二铵 150 ～ 200 千克 / 公顷）。

5. 收获时间。

苜蓿最适宜收获时期是开花初期，即有 10% 植株开花，90% 的植株处于现蕾期。北方地区全年可收割 3 ～ 4 次，南方可收割 4 ～ 5 次。第一次收割（夏季）留茬要短些或不留茬，防杂草或病虫害，秋季收割要留高些（不超过 10 厘米）可保护紫花苜蓿安全越冬。

（三）成效

紫花苜蓿产量高，每公顷紫花苜蓿可产鲜草 45 ～ 90 吨，产干草 15 ～ 22.5 吨。草质优良，具有很高的营养价值，适口性好。据分析，适期收割的紫花苜蓿干物质中含粗蛋白质 21.96%、粗脂肪 3.5%、粗纤维 16.14%、无氮浸出物 49.2%、粗灰分 8.9%。紫花苜蓿收割后可直接饲喂畜禽，也可以生产加工贮存全年饲喂。鲜喂时应晾晒 2 ～ 3 小时，以防羊过食而发生胃肠膨胀。调制干草是苜蓿的较好利用方式，便于贮存、运输，也可将干草进一步制成草块、草粉或草颗粒。

三、多花黑麦草种植技术

（一）概述

多花黑麦草（别名：意大利黑麦草、一年生黑麦草），属一年生或短寿多年生禾本科草种，喜温热和湿润气候，原产欧洲南部、北非北部及小亚细亚等地，以后传播到其他国家，广泛分布于意大利、英国、美国、丹麦、新西兰、澳大利亚、日本等温带降水量较多的国家，因其茎叶柔嫩，适口性好，品质优良、富含蛋白质、纤维少、营养全面，是世界上优等栽培牧草之一。多花黑麦草茎秆直立，光滑，株高 1～1.2 米，根系较浅，须根发达，叶片柔软下披，叶背光滑而有光亮，深绿色，叶长 20～40 厘米，宽 0.7～1 厘米，叶舌膜质，短小，有叶耳，叶鞘和节间等长或短于节间，穗状花序，长 10～20 厘米，小穗花较多，一般为 10～20 朵，小穗连芒长 1.2～1.5 厘米，外颖上部延伸成芒，长 0.1～0.8 厘米，种子为颖果，梭形，千粒重 1.98～2.2 克，每千克种子约 50 万粒（图 3-2）。

图 3-2 多花黑麦草

（二）特点

1. 适种地区

多花黑麦草适宜生长温度为 15～18℃，喜水肥，稍耐酸性土壤，适应 pH 值为 5～7，不耐旱，不耐贫瘠，不耐水淹。对土壤要求不严格，但在水肥条件好的田地种植，效果最好。适合我国南方地区播种，在长江流域及其以南地区种植较普遍。在淮河以南的我国南方地区，多花黑麦草适宜秋播，第二年春刈割利用。在长江中下游地区，于 9 月中下旬播种为宜，最迟不得晚于 10 月中旬。也可以春播，3 月底以前播种，但产量较低。

2. 播种方式

选择土层深厚、肥沃、向阳、排灌方便的冬闲田、池塘周围以及沟渠边水肥条件好的地块种植。选好地块后，精耕细作，深耕翻土，除尽杂草，做到土细地平。结合整地应施足基肥，基肥可用腐熟的农家肥或沼肥、钙镁磷肥等其中的一种，一般按每亩农家肥（沼肥）1500～2000 千克或钙镁磷肥 40 千克的标准施足基肥。可采用条播、窝播、撒播 3 种方式，以条播最适宜，其次是窝播，撒播因种子播种量难以控制，向光性差，产草量低于前两种，因此不提倡撒播。

3. 种植要求

条播按行距 30 厘米，播幅 5～10 厘米规格，每亩用 0.8～1 千克的播种量，然后用细土覆盖种子，覆土深度 1.5～2 厘米。窝播每亩用 1 千克的播种量，以窝距 15 厘米×15 厘米规格打窝点播，然后用细土覆盖并适当镇压，使种子与土壤能紧密结合，覆土深度一般 2 厘米为宜。然后浇水，以土湿为宜，便于种子发芽和保持幼苗生长。

4. 田间管理

多花黑麦草的田间管理关键是抓好施肥、灌溉和防病等环节。多花黑麦草对氮肥要求高，出苗后在三叶期和分蘖期各追施一次氮肥，每次每亩追施尿素或复合肥 5～10 千克，以后每次刈割后，都应每亩追施 10～15 千克尿素或复合肥，促进再生，刈割后的追肥掌握在割后的 3～5 天进行。每年秋季应施一定量的磷、钾肥作为维持肥料，多施磷、钾肥可以增强多花黑麦草的抗病、抗旱、抗寒能力。

多花黑麦草在生长期内对水分的需求量较大，在干旱季节应保证必要的灌溉，否则生长不良，草产量降低，雨水较多的季节应注意排水，否则土壤水分过多，通气不良，影响多花黑麦草根系的生长，导致烂根死亡。因此，在雨水多的季节，一定要注意开排水沟。

生长期内还要注意病害防治，主要病害为锈病，可用敌锈钠、粉锈灵等杀菌剂。

5. 收获时间

放牧宜在多花黑麦草株高 25 ～ 30 厘米时进行，放牧利用的多花黑麦草应采取与豆科牧草混播的方式种植，如与白三叶混播，以提高产草量及均衡营养。农区种植多花黑麦草最好不要放牧，一般情况下，当多花黑麦草长到 40 厘米左右时刈割，直接饲喂羊，刈割留茬高度 5 ～ 7 厘米，以利再生。多花黑麦草制作青贮料，应在孕穗期前收割。

（三）成效

多花黑麦草生长快，分蘖能力强，产草量高，在南方每年可刈割 2 ～ 3 次，在北方每年可刈割 1 ～ 2 次，每公顷产鲜草 75 吨以上。多花黑麦草柔嫩多汁，适口性好，营养丰富，消化率高。干物质中含粗蛋白 18.67%、粗脂肪 5.38%、粗纤维 23.02%、无氮浸出物 44.8%、粗灰分 8.13%。多花黑麦草除直接放牧和青割喂羊外，还可以青贮、调制干草。

四、无芒雀麦草种植技术

（一）概述

无芒雀麦又名光雀麦、无芒草、禾萱草，为禾本科雀麦属多年生优良牧草，原产于欧洲，其野生种分布于亚洲、欧洲和北美洲的温带地区，多分布于山坡、道旁、河岸。我国东北、华北、西北等地都有野生种。我国东北 1923 年开始引种栽种，新中国成立后各地普遍进行种植。

无芒雀麦草叶多茎少，茎秆光滑，叶片无毛，草质柔软，适口性好，营养价值高。茎直立，高 30 ～ 50 厘米，叶片淡黄色，长而宽，一般 5 ～ 6 片叶。一年四季为各种家畜所喜食，是一种放牧和打草兼用的优良牧草（图 3-3）。

图 3-3 无芒雀麦草

（二）特点

1. 适种地区

无芒雀麦具短根茎，属中旱生植物，其适应性广泛，海拔 500 ～ 2500 米均可种植，在年降水量 350 ～ 500 毫米的地区旱作，生长发育亦良好，冬季气温在 -30 ～ -28℃的地方可安全越冬，是北方高寒地区耐寒性较强的牧草。因此，在我国东北、华北、西北等多

数地区普遍进行栽培，效果良好。

2. 播种方式

单播、混播均可。单播时的播种量为22.5～30千克/公顷，播种深度为2～3厘米，通常以条播为主，行距为15～30厘米。无芒雀麦可与紫花苜蓿、红三叶、红豆草、沙打旺等豆科牧草混播，播种量一般为15～22.5千克/公顷，豆科牧草为4.5～7.5千克/公顷。

3. 种植要求

无芒雀麦春夏秋冬均可播种，南方地区多在春秋播种，而以秋播为宜，华北、黄淮海地区、黄土高原也宜秋播，东北、内蒙古地区一般采用夏播。

4. 田间管理

无芒雀麦草根系发达，地下茎强壮，播种前宜深耕。生长时需氮肥较多，在播种前和收割后均应施速效氮肥，播种前应深耕细耙，保持土层深厚、疏松、肥沃。秋季深耕前每公顷要施入45吨有机肥和适量氮肥作为基肥。生长3～4年后，可结合松土切根追施复合肥199～241千克/公顷。

5. 收获时间

无芒雀麦草在适宜的生境条件下，播种后10～12天即可出苗，35～40天开始分蘖，播种当年可有10%以上的抽穗植株，并在根茎的末端发生新的分蘖苗，生长第二年的植株返青后，50～60天即可抽穗开花，花期延续15～20天，授粉后11～18天种子即有发芽能力。营养生长期至抽穗期的营养价值最高，一般在抽穗至扬花时收草，一年可刈割2～3次。在50%～60%的小穗变为黄色时收种，每公顷可收种子225～675千克。

（三）成效

无芒雀麦草每公顷产干草4500～7500千克，一般连续利用8～10年，在管理水平高时，可维持10年以上的稳产高产。营养价值很高，长期干物质中含粗蛋白20.4%，粗脂肪4%，粗纤维23%，无氮浸出物42.8%，粗灰分9.6%。可青饲、制成干草和青贮。

（四）案例

乌苏一号无芒雀麦以抗旱性为特点，表现为耐旱、抗寒、抗病虫害能力较强；返青早、再生能力强、绿色期长、生育期82～111天。某地连续4年（2000～2003年）进行比较试验结果表明：第一年可收3茬草，干草总量为14941.5千克/公顷，超过对照（奇台无芒雀麦，收两茬草）78.6%，种子产量125.7千克/公顷；第二年收了四茬草，干草总量为23993千克/公顷，超过对照31.32%，种子产量1418千克/公顷；第三年收了三茬草，干草总量为17760.5千克/公顷，超过对照38.22%，种子产量1290.2千克/公顷；第四年收三茬草，干草总量为16911.8千克/公顷，超过对照33.72%，种子产量442.0千克/公顷。以每千克干草0.4元、每千克种子20元计算，平均每年草产值达7360.68元/公顷、种子产值达16479.5元/公顷，经济效益和社会效益非常可观。

五、白三叶种植技术

（一）概述

白三叶草为多年生温带型豆科三叶草属草本植物。原产自欧洲和小亚细亚，广泛分布于世界温带地区，尤以新西兰、西北欧和北美东部等海洋性气候区栽培最多。中国南北各地均有分布。白三叶是优质的豆科牧草，主根短，侧根发达，茎实心、光滑、细长、匍匐生长达 30 ～ 60 厘米，能节节生根，萌发新芽长成新的匍匐茎，侵占性很强；叶互生，三出掌状复叶，叶柄细长直立，叶面有 "V" 形白色斑纹。头形总状花序，自叶腋处生出。5 月中旬为盛花期，花期长达 2 个月，每年有春秋两次生长高峰。异花授粉，荚果长卵形，每荚有种子 3 ～ 4 粒。种子为心脏形，黄色或棕黄色，千粒重 0.7 ～ 0.9 克，每千克种子有 140 万～ 200 万粒。种子产量每亩为 10 ～ 15 千克（图 3-4）。

图 3-4 白三叶

（二）特点

1. 适种地区

白三叶喜温暖湿润气候，在年均气温 15℃左右，年降水量 640 ～ 1000 毫米的地区均能良好生长。生长最适温度为 19 ～ 24℃，最适 pH 值为 5.6 ～ 7，既耐寒，又耐热，能耐 -20 ～ -15℃的低温，在东北、新疆地区有雪覆盖时，均能安全越冬；35℃的高温，也不会萎蔫。在南方如遇高温干旱和低温冰冻，地上植株多呈枯黄，但不死亡。较耐潮湿，不耐干旱。为长日照植物，日照超过 13 小时花数可增多。再生能力强，耐践踏，在频繁刈割或放牧时，可保持草层不衰败。耐酸性土壤，不耐盐碱，最适在肥沃、湿润、排水良好的土壤上生长。我国 20 多个省、市、区均有播种。

2. 播种方式

播种宜浅不宜深，一般为 0.5 ～ 1.5 厘米。单播，每亩播种量 0.5 ～ 0.75 千克。撒播或条播均可，条播行距 30 厘米。用等量沃土拌种后播种较好。与牛尾草、黑麦草等混播，播种量可适当减少。

3. 种植要求

白三叶播种以秋播（9 ～ 10 月）为最佳，也可在 3 ～ 4 月春播。可采取无性繁殖，即用茎进行移栽。播种前必须测定其发芽率。

4. 田间管理

白三叶属豆科植物，自身有固氮能力，但苗期根瘤菌尚未生成，需补充少量的氮肥，

有利于壮苗，增施磷、钾肥有很好的增产作用。苗期生长特别缓慢，应及时中耕除草。干旱季节应做好灌溉抗旱工作。

5. 收获时间

当高度长到 20 厘米左右时进行刈割，一年可割 3 ～ 4 次，割草时留茬不低于 5 厘米，以利再生。每次收割后薄施速效氮、磷、钾肥，促进早生快发。

（三）成效

白三叶草质柔嫩，叶量丰富，适口性很好，营养丰富，年鲜草产量达 4000 ～ 5000 千克／亩。其干物质中蛋白含量 18.1% ～ 28.7%、粗纤维含量仅 12.5%，干物质消化率为 75% ～ 80%，为各种畜禽所喜食。白三叶常作为放牧地上的主栽草种，多用白三叶和黑麦草、鸭茅、羊茅等混播，放牧牛羊；也可与禾本科牧草混合调制青贮饲料。

六、沙打旺种植技术

（一）概述

沙打旺是多年生植物，野生种主要分布在前苏联西伯利亚和美洲北部，以及中国东北、西北、华北和西南地区。20 世纪中期中国开始栽培，适应性强，产量高，营养丰富，饲用价值仅次于苜蓿。既是畜禽的好饲料，又是肥沃农田的好绿肥，还具有固沙保土的作用。沙打旺主根粗壮，入土深 2 ～ 4 米，根系幅度可达 1.5 ～ 4 米，着生大量根瘤。植株高 2 米左右，丛生，主茎不明显，由基部生出多数分枝。奇数羽状复叶，小叶 7 ～ 25 片，长卵形。总状花序，着花 17 ～ 79 朵，紫红色或蓝色。荚果三棱柱形，有种子 9 ～ 11 粒，黑褐色、肾形，千粒重 1.5 ～ 1.8 克。

沙打旺宜在各种退化草地和退耕牧地种植，是农牧区建造人工草地的理想草种。除低洼内涝地外，荒地和耕地都可利用。幼龄林带和疏林灌丛种植沙打旺，不仅可改良土壤，增加饲草，还可抑制杂草，促进林木旺盛生长。各种侵蚀地和固定沙丘，都能种植沙打旺。植被稀疏、碱

图 3-5 沙打旺

化程度较重的地种植沙打旺，可增加植被，变低产草地为高产草地。一般广泛栽培在丘陵山地、沟壑、沙丘等干旱瘠薄地带，作为防风固沙、保持水土的饲草和绿肥，对恢复和建立良好的自然生态系统能起重要作用（图 3-5）。

（二）特点

1. 适播地区

沙打旺抗旱能力极强，对土壤要求不严，有耐寒、耐瘠、耐盐、抗风沙的特性，有很

强的耐盐碱能力，在 pH 值为 9.5～10.0、全盐量 0.3%～0.4% 的盐碱地上，沙打旺可正常生长。种子在 4℃ 左右即可萌发；10～12℃ 时，8～10 天出苗；15～20℃ 时，5～6天出苗。幼苗能抵御 -3℃ 的低温，根芽在高寒地区能安全越冬。在我国东北、华北、西北、西南、华东及华中等地均可播种，近几年北京、辽宁、吉林、山东、山西、甘肃、青海、宁夏回族自治区（以下称宁夏）等省（市、自治区）大量引种推广，种植范围不断扩大。

2. 播种方式

我国的沙打旺可分为早熟种和晚熟种。早熟种适宜在北方各地种植，可自行采种，但产量稍低。晚熟种各地都有，适宜在华北、西北和东北南部种植，产量较高，但向北推移时，种子往往不能充分成熟。沙打旺地面播种采取条播，飞机播种采取撒播。条播用播种机，60～70 厘米双条播，或 30～50 厘米单条播。亩播种量为每亩 0.25～0.50 千克。播种深度以 1.5～2.0 厘米为宜。播后随即镇压 1～2 次。

3. 种植要求

沙打旺种子的硬实率新鲜种子较高，陈旧种子较低。一般储存 2～3 年的种子，仍有很高的发芽力。播前要清选，清除杂质，晒 1～2 天再播种。用新鲜种子播种时，播前碾磨一次为好。沙打旺的播种可分为春播、夏播和秋播。春播是在前一年整好地的基础上，实行早春顶凌播种。早播土壤湿润，出苗早、生长快。沙打旺种子生命力强，可以寄子越冬播种。寄子播种出苗早、小苗壮，但必须在霜降以后播种，以防出苗被冻死。

4. 田间管理

在播种时以磷肥作基肥，每亩施过磷酸钙 10～30 千克。沙打旺苗期生长缓慢，不耐杂草，苗齐以后要中耕除草，到封垄时要除净。两年以后的沙打旺地块要在返青以及每次收割后进行中耕除草 1 次。沙打旺不耐涝，要及时排水防涝。干旱期要及时进行灌溉，以提高产量以及品质。沙打旺再生能力较强，每次收割后要及时灌溉和施肥。

5. 收获时间

沙打旺在株高 40～50 厘米时放牧，每次每亩放牧羊 5～6 只，至吃去上半部为止，一般 30～40 天放牧 1 次。沙打旺有异味，羊一般不会过食，无患膨胀症之虑。在株高50～60 厘米时刈割，供牛、羊等舍饲利用。调制干草在现蕾至开花初期刈割；青贮在开花至结荚期刈割。留茬 4～6 厘米。北方无霜期短，第一次收割必须保证有 30～40 天的再生期；第二次在霜冻枯死前收割。种植当年割一次，两年以后每年割两次。在东北中部和北部及内蒙古北部各地，一年只能割一次，茬地放牧一次。

（三）成效

沙打旺为高产牧草，种植 2～4 年，每年可收割鲜草 2～3 次，亩产鲜草2000～4000 千克、种子 25～50 千克。沙打旺营养丰富，花期干物质含量为 25%，干物质中总能为 18.4 兆焦／千克、消化能（猪）9.49 兆焦／千克、可消化粗蛋白质 99 克／千克、粗纤维 38.4%、钙 0.48%、磷 0.19%。富含各种氨基酸，现蕾开花初期赖氨酸、蛋氨酸、色氨酸含量分别为 0.66%、0.08%、0.10%，粗蛋白质 15.1%、可消化粗蛋白质 99 克／千克、

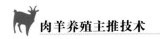

粗纤维 38.4%、钙 0.48%、磷 0.19%。沙打旺可青饲、放牧、调制干草或晒制草粉，也可用沙打旺与青割玉米或禾本科草混合制作青贮饲料。

沙打旺根部发达，固氮能力强，改良土壤结构、提高土壤肥力的效果显著。种植第四年可在土地中留下不少于 5 吨 / 亩的有机物。开花初期的沙打旺，根中含氮 1.58%、磷 0.25%、钾 0.43%。种过沙打旺的地，残留的肥效可持续 3 ～ 5 年，使下茬作物增产 20% 以上。

沙打旺还是防风、固沙、固土的优良水土保持和治沙植物。在风沙蚀地、冲刷沟壑、渠堤坡面等流失地种植，可获得最大的水土保持效益。

七、王草种植技术

（一）概述

王草是多年生丛生性高秆禾草，由象草和美洲狼尾草杂交育成。根系发达，植株高大，茎秆形似甘蔗，株高 1.5 ～ 5 米。茎直立丛生，有 20 ～ 30 个茎节，节间短。叶互生，叶片宽大，呈长条形。花序密集，呈穗状。种子成熟时容易脱落，种子发芽率低，实生苗生长极为缓慢。王草具有易栽培、抗逆性强、产量高、营养价值高、草质不易老化、适口性好、饲用率高的特点，是牛、羊的理想饲料（图 3-6）。

图 3-6 王草

（二）特点

1. 适种地区

王草喜温暖湿润的气候条件，不耐严寒，耐干旱，耐火烧。但在长期渍水及高温干旱条件下生长不良。对土壤的适应性广泛，在酸性红壤或轻度盐碱土上生长良好，尤其在土层深厚，有机质丰富的壤土至黏土上生长最盛。在水源不保障的荒坡、山地、大田、堤坝、房前屋后、田边地角都可种植。我国在海南、广东、广西广泛栽培，江苏、福建、云南、湖南也引种种植。

2. 播种方式

采用无性繁殖，将种茎砍成段，每段含两个芽即可，不要过长，否则植后种茎翘起露出地面，不利于发芽生长。行距 80 厘米，株距 15 ～ 20 厘米，深 15 ～ 20 厘米。种茎与地面呈 45 度角斜插，下种后每亩施腐熟基肥 1000 千克或复合肥 10 千克，然后盖土 10 厘米，用脚轻踩，使种茎与土壤紧贴密实。

3. 种植要求

王草属于热带牧草，喜高温，在 12 ～ 15℃时才开始生长。以雨季开始时种植为宜，长江中下游地区可在 3 ～ 4 月进行栽种，海南、广东、广西等一年四季均可栽种。栽种要选择土层深厚、疏松肥沃、排水性良好的土壤，翻耕平整，耙土细碎。植后第一个月，进行除草、松土。

4. 田间管理

王草分蘖力强，当幼苗达 5 个以上、主芽长到 30 厘米高时，宜追施氮肥，每亩施尿素 7.5 千克或农家肥 1000 千克，以促进茎苗生长发育。每次刈割后追施氮肥 1 次，一般每亩施尿素 7.5 千克。要及时除去杂草，进行 1 ～ 2 次中耕除草，一般在苗高 50 厘米左右开始进行。王草对水要求较高，苗期应经常浇水。

5. 收获时间

青饲时，一般株高 1.5 米即可收割，留茬高度为 5 ～ 10 厘米，生长旺季 20 ～ 30 天可割 1 次，每年割 4 ～ 5 次。若大面积栽培，一时饲用不完，可制作青贮料或晒制干草。但至 11 月中旬，茎苗不宜再割，以便茎苗有机会进行足够的生长，贮备养分，增强抗寒能力，顺利越冬。留种的也必须在 11 月开始停割，以利于茎秆拔节老化，种茎坚实，待来年开春作种用。

（三）成效

王草的生长速度快、产量高，种下 2 个月即可收割，一年可割 6 ～ 8 次，亩产 15 ～ 30 吨。王草营养丰富，粗蛋白含量高达 12%，水分为 82.9%，粗纤维 27.3%，是牛、羊等草食动物的良好饲料，每亩可养 5 头牛、50 只羊。

八、羊草种植技术

（一）概述

羊草是多年生禾本牧草，又名碱草，是我国北方地区的优良牧草。羊草叶量多、营养丰富、适口性好，肉羊一年四季均喜食，有"牲口的细粮"的美称。羊草秆散生，直立，高 40 ～ 90 厘米，根茎发达，有很强的无性更新能力。早春返青早，生长速度快，秋季休眠晚，青草利用时间长，生育期可达 150 天左右，能在较长的时间内提供较多的青饲料。生长年限长达 10 ～ 20 年。

（二）特点

1. 适种地区

羊草抗寒、抗旱、耐盐碱、耐土壤瘠薄，适应范围很广。多生于开阔平原、起伏的低山丘陵、河滩及盐碱低地。在冬季 -40.5℃可安全越冬，年降水量 250 毫米的地区生长良好。羊草喜湿润的沙壤质栗钙土和黑钙土，在 pH 值为 5.5 ～ 9.4 时皆可生长，最适于 pH

值为 6 ～ 8。在排水不良的草甸土或盐化土、碱化土中亦生长良好，但不耐水淹，长期积水会大量死亡。羊草在湿润年份，茎叶茂盛常不抽穗；干旱年份，草高叶茂，能抽穗结实。我国东北部松嫩平原及内蒙古东部为其分布中心，河北、山西、河南、陕西、宁夏、甘肃、青海、新疆等省（自治区）亦有分布。最适宜于东北、华北等地种植。

2. 播种方式

羊草春、夏、秋季均可播种，春播 3 月下旬或 4 月上旬播种，夏播于 5 月下旬或 6 月上旬播种，秋播不得迟于 8 月下旬。每公顷播种量为 37.5 ～ 42.5 千克，行距 15 ～ 30 厘米，覆土 2 ～ 3 厘米。播后及时镇压，以利出苗。羊草宜与苜蓿、沙打旺、野豌豆等混播，能提高其产量和品质以及土壤肥力。

3. 种植要求

羊草选地不严，除贫瘠的岗坡和低温内涝地外，均可种植。以土层深厚、有机质多的土壤和沙质壤土为最好。要求采取良好的整地措施和达到良好的整地质量，秋翻地，其深度 20 厘米以上，翻后及时耙地和压地。在播前一定要清选种子，并做种子纯度、净度、发芽率检验，使其达到播种品质标准要求。

4. 田间管理

羊草利用年限长，生长快，产量高，需肥多，必须施足基肥，以 37000 ～ 45000 千克／公顷施半腐熟的堆、厩肥。及时追肥，增施磷肥和硼肥还可提高结实率、增加种子产量和提高种子品质。羊草苗期生长十分缓慢，易被杂草抑制，要及时消灭杂草。羊草长到 5 ～ 6 年后，应进行翻耙更新，恢复生产力。

5. 收获时间

羊草可放牧利用、青饲和青贮，主要供调制干草用。在 4 月中旬株高 30 厘米左右开始放牧，到 6 月上中旬抽穗后，质地粗硬，适口性降低，应停止放牧。调制干草以在孕穗至开花初期，根部养分蓄积量较多的时期收割。割后晾晒，1 天后，先堆成松疏的小堆，使之慢慢阴干，待含水量降至 16% 左右，即可集成大堆，准备运回贮藏。

（三）成效

羊草经济价值高，羊草花期前期粗蛋白质含量占干物质的 11% 以上，分蘖期高达 18.53%，且矿物质、胡萝卜素含量丰富，每千克干物质中含胡萝卜素 49.5 ～ 85.87 毫克。调制成干草后，粗蛋白质含量仍能保持在 10% 左右。羊草产量高，增产潜力大，在良好的管理条件下，一般每公顷产干草 3000 ～ 7500 千克，产种子 150 ～ 375 千克。羊草气味芳香、适口性好、耐储藏。干草可制成草粉或草颗粒、草块、草砖、草饼，供作商品饲草。羊草根茎穿透侵占能力很强，且能形成强大的根网，盘结固持土壤作用很大，是很好的水土保持植物。羊草的茎秆也是良好的造纸原料。

第二节 饲草料加工技术

一、牧草制干技术

（一）概述

牧草制干技术是指在牧草的质和量兼优时期刈割，通过自然或人工干燥方法使刈割后的新鲜饲草迅速处于生理干燥状态，细胞呼吸和酶的作用逐渐减弱直至停止，饲草的养分分解很少，达到长期保存的技术。牧草制干过程一般分为两个阶段，第一阶段从饲草收割到水分降至40%左右，此时，细胞尚未死亡，呼吸作用继续进行；第二阶段饲草水分从40%降至17%以下，此时，饲草细胞的生理作用停止，多数细胞已经死亡，呼吸作用停止，微生物的繁殖活动也趋于停止。所以，在牧草制干时首先要掌握适宜的刈割时间，一般禾本科牧草在抽穗到开花期收割，豆科牧草在孕蕾～开花期收割，产量和质量均较高；其次选择合理的制干方法，一般分为自然干燥和人工干燥；第三掌握制干牧草的含水量，一般保持在15%～17%。目前，生产中常用的牧草制干技术分为自然干燥和人工快速干燥两种，自然干燥又分为地面干燥和草架干燥。制成的青干草应保有大量的叶、嫩枝和花序，具有深绿的颜色和芳香的气味。

将牧草制成青干草，可有效解决饲草生产的季节性与饲草需要相对稳定之间的矛盾，提高牧草的利用价值和利用率。

（二）特点

1. 适时加工调制，有效保存饲草的营养价值

无论是人工栽培的牧草，还是天然的牧草，伴随其生长、成熟，牧草自身的化学成分和营养价值也在发生变化。从最佳营养价值利用的角度，对牧草进行适时的收获、加工调制，可最大程度地保存饲草的营养价值。

2. 因牧草特性，选择合适的加工调制方法

如豆科牧草叶片、叶柄容易干燥，而茎秆的干燥速度较慢，在晾晒、打捆、搬运时，叶极易脱落，而叶正是营养含量最丰富的部分，为减少营养损失，提高牧草品质，宜选择人工快速干燥法或压扁干燥法制干。

3. 牧草制干须掌握的原则

一是尽量加速牧草的脱水，缩短干燥时间，以减少由于生理、生化作用和氧化作用造成的营养物质损失，尤其要避免雨淋；二是在干燥末期

图3-7 青干草压捆收获

应力求牧草各部分的含水量均匀；三是牧草在干燥过程中，应尽量避免在阳光下长期暴晒，防止雨淋；四是集草、堆集、压捆时，应在牧草细嫩部分尚不易折断时进行（图3-7）。

4. 自然干燥法调制干草工艺

刈割牧草—压扁、切短—铺成薄长条暴晒4～5小时—水分降到40%左右时，将2行草垄并成1行，晚间或早晨进行一次翻晒4～5天—全干收贮。此法分为压扁干燥和普通干燥，压扁干燥比普通干燥的牧草干物质损失减少2～3倍，碳水化合物损失减少2～3倍，粗蛋白质损失减少3～5倍，这种方法最适于豆科牧草，可以减少叶片脱落，减少阳光暴晒时间，减少养分损失。

5. 人工快速干燥法调制干草工艺

牧草人工干燥法分为通风干燥法和高温快速干燥法两种。通风干燥法一般需要建造干草棚，棚内设有电风扇、吹气机、送风器和各种通风道，也可在草垛的一角安装吹风机、送风器，在垛内设通风道借助送风，对刈割后在地面预干到含水50%的牧草进行不加温干燥。高温快速干燥法需要烘干机，将切短的牧草快速通过高温干燥机，将送入牧草干燥滚筒的空气温度加热到80℃左右，2～5秒后，牧草含水量从70%左右迅速降到10%～15%。整个干燥过程由恒温器和电子仪器控制。用此法调制的干草可保存90%以上的牧草养分（图3-8、图3-9）。

图 3-8 干草棚　　　　　　　　　　　　图 3-9 干草捆

（三）成效

牧草经过制干后，仍能保持丰富的营养和较高的饲用价值。中等质量的苜蓿干草其总可消化养分达57.6%、粗蛋白为14.1%。多年生黑麦草采用地面晾晒干燥，其粗蛋白含量为9.9%、粗脂肪1.4%、粗纤维36.2%。而采用架上干燥的干草，其粗蛋白含量为12.1%、粗脂肪1.6%、粗纤维32.4%，说明架上干燥更能保存牧草的营养价值。牧草制干后有机物消化率可达46%～70%，纤维素消化率70%～80%，维生素D含量100～1000国际单位／千克，蛋白质具有较高的生物学效价，山羊、绵羊从干草中获得的能量占总能食入量的1/4～1/3，因此，青干草是肉羊营养较平衡的粗饲料，是日粮中能量、蛋白质、维生素的主要来源。除此，青干草还在肉羊生理上起着平衡和促进胃肠蠕动作用，是肉羊日粮中的重要组成部分。

二、青贮技术

(一) 简述

青贮是将饲草刈割后在无氧条件下贮藏，经乳酸菌发酵产生乳酸后抑制其他杂菌生长，使饲草得以长期保存的方法。青贮方法分为高水分青贮和低水分青贮，高水分青贮指青贮用饲草不经晾晒直接进行青贮，原料含水量可达75%，低水分青贮是将青贮用的饲草晾晒到含水量在40%～55%时进行青贮。青贮设备可用青贮窖、青贮塔和塑料袋等。青贮的步骤：①适时收割。禾本科牧草在孕穗到抽穗期，带果穗的玉米在蜡熟期收割，豆科牧草在现蕾到开花期收割；②切碎、装填和镇压。禾本科牧草和豆科牧草切成2～3厘米长，玉米秸等切成0.4～2厘米长；③密封。原料装填完后立即密封。制作青贮时必须踩紧压实，排除空气，密封防止漏气；发酵温度控制在19～37℃、装窖时间尽量短；掌握适宜的含水量，禾本科牧草控制在65%～75%、豆科在60%～70%；原料需含有一定量的糖分，禾本科牧草，如玉米等含糖量高，可单独青贮，豆科牧草，如苜蓿、草木樨、三叶草等含糖量低，不宜单独青贮，应与禾本科牧草或饲料作物混合青贮。制成的青贮料应具有芳香醇酸味、绿色或黄色、湿润、紧密等品质。青贮饲料可有效解决饲草生产的季节性与饲草需要相对稳定之间的矛盾，保证全年均衡供给（图3-10、图3-11）。

图 3-10 青贮切碎

(二) 特点

1. 适时加工调制，有效保存饲草料的营养价值

无论是人工栽培的牧草，还是天然的牧草，伴随其生长、成熟，牧草自身的化学成分和营养价值也在发生变化。从最佳营养价值利用的角度，对牧草进行适时的收获、加工调制，可最大程度地保存饲草的营养价值。

2. 选择合适的原料进行青贮

理想的青贮原料应富含可供乳酸菌发酵的碳水化合物，含有适当的水分，易于压实等特点。如全株玉米、多花黑麦草、鸭茅、羊草、燕麦、紫花苜蓿、白三叶、

图 3-11 青贮压实

图 3-12 青贮密封

白花草木樨、苏丹草、柱花草等均是较好的青贮原料（图 3-12）。

3. 选择适宜的青贮容器

目前，生产中常用的青贮容器主要有堆积式青贮、青贮塔、青贮窖、青贮壕和拉伸膜裹包青贮等几种类型。堆积式青贮是指在平坦干燥的地面上垂直堆成 2～3 米高的草堆，用塑料膜覆盖在压实后的青贮料上，之后在垛顶和草堆周围压上旧橡胶轮胎并在草堆外围放置沙袋，以防塑料膜被风揭开。青贮塔是经过专业技术设计，由混凝土、钢铁或木头建造成的圆柱形建筑，适用于饲养规模较大、经济条件较好的饲养场，一般青贮塔直径 4～6 米，高 13～15 米，塔顶有防雨设备，塔身一侧每隔 2～3 米留一个 60 厘米×60 厘米的窗口，装料时关闭，用完后开启。原料由塔顶装入、取料由底层取出，是目前保存青贮料最有效的方法之一。青贮窖是我国农村普遍使用的容器，可分为半地下式或地上式两种，长方形窖宽 1.5～3 米、深 2.5～4 米，长度根据需要而定，超过 5 米以上时，每隔 4 米砌一横墙，以加固窖壁。青贮壕适用于大规模养殖场，一般宽 4～6 米，深 5～7 米，地上至少 2～3 米，长 20～40 米，必须用砖、石、水泥建筑永久窖。拉伸膜裹包青贮是指将收获的新鲜牧草用打包机高密度压实打捆，然后用专用青贮塑料拉伸裹包起来，造成一个最佳的发酵环境。塑料袋青贮是指采用质量较好的塑料薄膜制成袋，装填青贮原料，袋口扎紧，堆放在羊舍内，使用很方便。

4. 选择适宜的青贮工艺

目前，常用的青贮工艺有高水分青贮、普通青贮、半干青贮、混合青贮和添加剂青贮等几种。

高水分青贮指被刈割的青贮原料未经田间干燥即行贮存，一般情况下含水量 70% 以上。此法的优点是原料不经晾晒，减少了气候影响和田间损失，作业简单，效率高；缺点是高水分对发酵过程有害，容易产生品质差和不稳定的青贮原料。

普通青贮：适时收割，如禾本科牧草在孕穗到抽穗期，带果穗的玉米在蜡熟期收割，豆科牧草在现蕾到开花期收割；调节水分，禾本科牧草控制在 65%～75%、豆科 60%～70%；切碎和装填，禾本科和豆科牧草及叶菜类等切成 2～3 厘米，玉米等粗茎植物切成 0.5～2 厘米；压实，切碎的原料在青贮设施中要装匀压实，尤其是靠近壁和角的地方不能留有空隙，以减少空气；密封，

图 3-13 包膜青贮

原料装填压实之后，应立即密封和覆盖，隔绝空气与原料接触，并防止雨水进入（图 3-13）。

半干青贮也称低水分青贮，主要用于牧草，特别是豆科牧草。首先通过晾晒或混合其他饲料使其含水量达到半干青贮的条件，应用密封性强的青贮容器，切碎后快速装填，从而达到稳定青贮饲料品质的目的。

混合青贮指将两种以上的青贮原料进行混合，彼此取长补短，不但容易青贮成功，还可调制出品质优良的青贮饲料。如甜菜叶、块根块茎类、瓜类与农作物秸秆或糠麸等混合青贮；豆科牧草与禾本科牧草混合青贮；沙打旺与玉米秸秆按 1∶1 或 6∶4 混合青贮；苜蓿与玉米秸秆按 1∶2 或 1∶3 混合青贮；玉米秸秆与马铃薯茎叶混合青贮；豌豆与燕麦混合青贮均可收到良好的效果。

添加剂青贮：目前主要用尿素等营养性添加剂青贮，目的是改善青贮饲料的营养价值，在玉米青贮饲料中添加 0.5% 的尿素，粗蛋白质可提高 8%～14%。

5. 合理的利用青贮饲料

原料不同，青贮饲料的营养价值也不同，必须与精料和其他饲料按肉羊营养需要合理搭配饲用。第一次饲喂青贮饲料时，可将少量青贮饲料放在食槽底部，上面覆盖一些精饲料，等肉羊慢慢习惯后，再逐渐增加饲喂量，妊娠肉羊应适当减少青贮饲料喂量，以防引起流产，冰冻的青贮饲料，解冻后再用；在生产实践中，应根据青贮饲料的品质和发酵品质来确定适宜的日喂量，每只成年羊喂 2～4 千克／天，每只羔羊喂 400～600 克／天。

（三）成效

首先青贮能有效地保存饲草的营养价值。优良的青贮饲料与青贮原料相比，营养价值只降低 3%～10%，如新鲜的甘薯藤每千克干物质中含有 158.2 毫克的胡萝卜素，经 8 个月青贮后，仍然可保留 90 毫克。青贮玉米秸比风干玉米秸粗蛋白质高 1 倍，达 8.19%；粗脂肪高 4 倍，达 4.6%；粗纤维低 7.5%，为 30.13%。多年生黑麦草经青贮后，干物质含量为 190 克／千克、蛋白氮为 235 克／千克、水溶性碳水化合物为 10 克／千克。青贮玉米干物质含量为 285 克／千克、蛋白氮为 545 克／千克、水溶性碳水化合物为 16 克／千克。其次能提高饲草的适口性和消化率。青贮具有酸甜清香味，从而提高了适口性；另外，青贮饲料的能量、蛋白质、粗纤维消化率与同类干草相比均高，且青贮饲料干物质中的可消化粗蛋白质、总可消化养分和消化能含量也较高，青贮饲料能量和粗蛋白质消化率分别为 59%、69.3%，而自然干草为 58.2%、66%；青贮饲料和自然干草的可消化蛋白质分别为 11.3%、10.1%，总可消化养分分别为 60.5%、57.3%，消化能分别为 11.59 兆焦／千克、10.71 兆焦／千克。再次青贮可以扩大饲料来源，有利于肉羊业发展。最后调制青贮饲料不受气候环境条件的影响，并可长期保存利用。

（四）案例

全株玉米青贮技术。①青贮窖建造：在地势高、离羊舍近、向阳干燥、土质结实的地方，用砖、水泥、沙灰建长方形半地上或地上窖，大小根据青贮料的多少和场地确定，但墙高不宜超过 2 米，一般每立方米可贮全株玉米 600～700 千克；②收割：在玉米孕穗到抽穗期、玉米秆下部 1～2 片叶枯黄时，立即收割、青贮；③铡短：将玉米铡短成 3～5 厘米；④装填、压实：将填前可在底层铺一些干草，随装随压，20～30 厘米踩压一次，注意边角外，由边缘向中心压紧，踩得越实越好；⑤封窖：每窖青贮最好在 1～2 天完成，青贮料高度应高于窖顶 30～40 厘米，呈斜坡型，盖好塑料膜，然后覆土 30～40 厘米，拍实，封严不透气，挖好排水沟，若发现盖土有裂缝应及时修好；⑥全株玉米青贮品质鉴定：一般青贮 35～45 天即可开窖，开窖后用感官鉴定法鉴定青贮饲料的品质，以绿色或黄绿，具有芳香味带酒香或水果香、柔软湿润，可见叶脉和绒毛为优。

三、秸秆饲料的加工调制技术

（一）概述

秸秆饲料是一种潜在的非竞争资源，是我国最丰富的饲料来源之一，分为禾本科作物秸秆、牧草秸秆和其他作物秸秆。稻草、小麦秸、玉米秸是我国三大作物秸秆，秸秆产量已经达到 7 亿吨。目前，仅 20%～30% 作为草食家畜的饲料。充分开发利用此类资源，对建立"节粮型"畜牧业结构具有重要意义。秸秆的粗纤维含量高、粗脂肪和粗蛋白含量低，从营养学的角度讲，其营养价值极低，但在粗饲料短缺时，经过适当处理，可提高其适口性和营养价值。主要调制方法为物理方法、化学方法和生物方法。

（二）特点

1. 充分认识秸秆饲用的限制因素

秸秆因其特殊的化学组成成分，造成了秸秆的营养价值低、消化率低，表现在纤维素类物质含量高、粗蛋白含量低、消化能低、缺乏维生素、钙磷含量低等，秸秆的消化能只有 7.8～10.5 兆焦/千克，只相当于干草的一半；羊对秸秆的消化率为 40%～50%。

2. 秸秆饲料的加工方法

采用适当的加工方法，以提高秸秆的营养价值，改善其适口性。目前可采用物理方法、化学方法或生物方法处理秸秆。

物理加工方法包括机械加工、热加工、浸泡等方法。机械加工是指利用机械将粗饲料铡短、粉碎或揉碎，是秸秆利用最简便而又常用的方法，即将干草和秸秆切短至 2～3 厘米长，或用粉碎机粉碎，但不宜粉碎得过细，以免引起反刍停滞，降低消化率。加工后便于肉羊咀嚼、提高采食量，并减少饲喂过程中的饲料浪费。热加工主要指蒸煮和膨化，目的是软化秸秆，提高适口性和消化率。蒸煮可采用加水蒸煮法和通气蒸煮法。膨化是将秸秆置于密闭的容器内，加热加压，然后突然解除压力，使其暴露在空气中膨胀，从而破坏秸秆中的纤维结构并改变某些化学成分，提高其饲用价值的方法。浸泡的方法是在 100 千克水中加入食盐 3～5 千克，将切碎的秸秆分批在桶或池内浸泡 24 小时左右，目的是软化秸秆，提高其适口性。

化学加工法是利用酸、碱等化学物质对秸秆进行处理，降解秸秆中木质素、纤维素等难以消化的成分，从而提高其营养价值、消化率和改善适口性。目前，主要采用氨化处理方法（图 3-14），分为窖池式、堆垛和袋装氨化法。氨源常用尿素和碳酸氢铵，尿素是一种安全的氨化剂，其使用量为风干秸秆的 2%～5%，使用时先将尿素溶于少量的温水中，再将尿素倒入用于调整秸秆含水量的水中，然后将尿素溶液均匀地喷洒到秸秆上；使

图 3-14　氨化饲料制作

用碳酸氢铵氨化时，将 8 千克碳酸氢铵溶于 40 升水，均匀撒于 100 千克麦秸粉或玉米秸粉中，再装入小型水泥池或大塑料袋中，踏实密封，经 15～30 天后即可启封取用。氨化处理要选用清洁、无发霉变质的秸秆，并调整秸秆的含水量至 25%～35%。氨化应尽量避开闷热时期和雨季，当天完成充氨和密封，计算氨的用量一定要准确。

生物学加工法是利用乳酸菌、酵母菌等有益微生物和酶进行处理的方法。它是接种一定量的特有菌种以对秸秆饲料进行发酵和酶解作用，使其粗纤维部分降解转化为可消化利用的营养成分，并软化秸秆，改善其适口性、提高其营养价值和消化利用率。处理时将不含有毒物质的作物秸秆及各种粗大牧草加工成粉，按 2 份秸秆草粉和 1 份豆科草粉比例混合；拌入温水和有益微生物，整理成堆，用塑料布封住周围进行发酵，室温应在 10℃以上。当堆内温度达到 43～45℃，能闻到曲香味时，发酵成功。饲喂时要适当加入食盐，并要求 1～2 天内喂完。

3. 合理利用加工后的秸秆

机械加工后的秸秆饲料可直接用于饲喂，但要注意与其他饲料配合；浸泡秸秆喂前最好用糠麸或精料调味，每 100 千克秸秆加入糠麸或精料 3～5 千克，如果再加入 10%～20% 的优质豆科或禾本科干草效果更好，但切忌再补饲食盐；氨化秸秆取喂时，应提前 1～2 天将其取出放氨，初喂时可将氨化秸秆与未氨化秸秆按 1：2 的比例混合饲喂，以后逐渐增加，饲喂量可占肉羊日粮的 60% 左右，但要注意维生素、矿物质和能量的补充，以便取得更好的饲养效果。

（三）成效

秸秆饲料经过加工调制后，可改善其适口性、提高营养价值和消化利用率。秸秆切短后直接喂羊，吃净率只有 70%，但使用揉搓机将秸秆揉搓成丝条状直接喂羊，吃净率可提高到 90% 以上。秸秆进行热喷处理后，采食率提高到 95% 以上，消化率达到 50%，利用率可提高 2～3 倍。秸秆氨化处理后可使秸秆的粗蛋白质从 3%～4% 提高到 8% 以上，消化率提高 20% 左右，采食量也相应提高 20% 左右。秸秆经碱化处理后，有机物质的消化率由

原来的 42.4% 提高到 62.8%，粗纤维的消化率由原来的 53.5% 提高到 76.4%。添加尿素的秸秆热喷处理后，玉米秸秆的消化率达到 88.02%、稻草达 64.42%。秸秆制成颗粒，由于粉尘减少，体积压缩，质地硬脆，颗粒大小适中，利于咀嚼，改善了适口性，从而诱使肉羊提高采食量和生产性能。

（四）案例

尿素氨化秸秆制作技术：①氨化池建筑：氨化池要建在向阳背风、地势高燥的地方，用砖、水池等建成，形式有地上、地下、半地下 3 种，单池规格为 1 米 ×2 米 ×1 米，每立方可制贮 80 千克；②氨化原料：小麦秸，也可用稻草、玉米秸，铡成 2 ～ 3 厘米短节；③尿素用量：每 100 千克秸秆用尿素 5 千克；④操作技术：将尿素用 40℃温水溶解，配成 1 ：10 的尿素溶液。铡短的秸秆用尿素水溶液喷洒拌匀，分层装池踏实。装满后用塑料薄膜封顶，泥巴封严，池顶上覆麦草；⑤管理：5 ～ 15℃时氨化 28 ～ 56 天，15 ～ 25℃时氨化 14 ～ 28 天，25 ～ 35℃时氨化 7 ～ 10 天，氨化期间要经常看，出现破损要及时封堵，切忌进水或漏气；⑥开池取用：开池后先对氨化秸秆进行感官鉴定，优质氨化秸秆棕黄色或红褐色，有强烈的氨味，柔软蓬松。

四、成型牧草饲料加工技术

（一）简述

成型牧草饲料指将牧草或秸秆粉碎成草粉、草段后，使用专用的加工设备将其加工成颗粒状、块状、饼状或片状等固型化的牧草饲料。其中，以颗粒饲料应用最广泛。近年来，复合型秸秆颗粒饲料在绵羊、山羊的饲养实践中获得了较好的效果，苜蓿草颗粒作为主要的牧草成型饲料已得到推广与应用（图 3-15）。成型牧草饲料要求的生产工艺条件较高，生产成本有所增加，但与粉、散状牧草饲料相比，优点明显：一是保持了牧草、配合饲料和混合饲料各组成成分的匀质性；二是可提高牧草饲料的采食量、消化率和适口性；三是提高肉羊的生产性能；四是可减少贮藏和运输的成本，提高贮藏稳定性。

图 3-15 苜蓿草颗粒

（二）特点

1. 颗粒饲料产品的要求

形状均一、硬度适宜、表面光滑、碎粒与碎块不多于 5%，产品安全贮藏的含水量低于 12% ～ 14%。用于肉羊的牧草颗粒大小为 6 ～ 8 毫米。

2. 颗粒牧草饲料的加工工艺

选择原料——粉碎——计量混合——制粒——成品。原料粉碎的粒度应根据原料品种及饲喂的畜禽种类而定,分为一次粉碎和循环粉碎两种方法,大型牧草饲料加工厂多采用循环粉碎。配料时应按照科学饲养配方的要求,对不同种类的牧草饲料进行准确称量配制,并混合均匀。采用调质器对牧草饲料进

图 3-16 苜蓿草块

行调质,软化牧草饲料,使牧草饲料中的淀粉糊化,增加牧草饲料的黏结力,有利于颗粒成型(图 3-16)。

3. 干草块的加工工艺

干草块是将牧草切短或揉碎,而后经特定机械压制而成的高密度块状饲料。外形大小为 30 毫米 ×30 毫米,密度一般为 500 ～ 900 千克 / 立方米。其成型加工的基本工艺包括原料的机械处理、原料的化学预处理、添加营养补充料、调质、成型和冷冻 5 个方面。先将原料切成 20 ～ 30 毫米长度;原料为秸秆时,对其进行化学预处理,常用氨化或碱化处理原料,以提高干草块的适口性和可消化性,改善其营养品质;补充适宜的青绿饲料、能量饲料、矿物质饲料、微量元素和维生素添加剂等,以便调制出营养平衡的秸秆草块饲料;调制过程包括物料加水、搅拌和导入蒸汽熟化等工艺,较适宜的压制物料含水量为豆科牧草 12% ～ 18%、禾本科牧草 18% ～ 25%、秸秆 20% ～ 24%,为改善物料的压块性能,即使原料本身的含水量已达到要求,也必须加入少量的水。

4. 成型牧草饲料的贮藏,控制含水量

一般成型牧草饲料的安全贮藏含水量应为 11% ～ 15%,南方地区应控制在 11% ～ 12%、北方地区控制在 13% ～ 15%;添加防腐剂;保持通风,注意防潮。

5. 成型牧草饲料的利用

用颗粒牧草饲料喂羊能增加采食量,促进其生长发育,增重快,如饲喂肥育羊,平均日增重达 115 克 / 只。一般绵羊对颗粒牧草饲料的采食率为 90% ～ 100%,而对照仅为 70% 左右。

(三)成效

草颗粒、草块、精料颗粒料减少了利用时的浪费,不仅提高了饲草料的利用率,也提高了消化利用率;饲喂损失减少 10% 左右、饲草消化率提高约 10%。如浙江大学动物科学学院进行了“生长肉羊稻草秸秆颗粒化全混合日粮的研究”,他们将稻草秸秆揉碎过 22 毫

米筛，经碱复合处理后立即按 40：60 精粗比与精料混合，调制加工成颗粒化全混合日粮，饲喂波尔杂二代山羊。饲喂结果表明：碱复合处理和颗粒化能有效提高全混合日粮的消化率，改善其营养价值，能有效促进断奶波尔杂二代山羊的生长性能，改善其胴体性状和肉品质，并对羊肉的安全性无不良影响。

（四）案例

1. 肉羊复合苜蓿草颗粒加工生产技术

①复合苜蓿草颗粒配方：紫花苜蓿草粉 82.2%、胡麻油渣 5%、能量蛋白合剂 10%、磷酸氢钙 1.3%、牛羊用复合饲料添加剂 0.5%、人工盐 1%；②草颗粒机的选择：草颗粒机一般由搅拌、压粒、传动、机架 4 个部分组成，其功率 13 千瓦、工作转速 300～500 转 / 分钟、筛子孔径 8 毫米、生产率 300 千克 / 小时、颗粒规格为直径 8 毫米、可压草粉细度不大于 1 毫米、颗粒冷却方式为自然冷却式；③紫花苜蓿草粉加工：选择 2 毫米筛目、40

图 3-17 复方苜蓿颗粒

型或 4020 型饲料粉碎机加工草粉；④原料混合：按复合苜蓿草颗粒配方设计要求，将配料一一准确称量，后将配料与少量草粉经 2～3 次预混，再加入全部草粉混匀；⑤草颗粒成型：将混合均匀的原料送入草颗粒成型机挤压成型，成型颗粒进入散热冷却装置，冷却后的草颗粒含水量不超过 13%。草颗粒规格以粒径 8 毫米为佳；⑥草颗粒分装、贮藏（图 3-17）。

2. 复合秸秆成型饲料加工技术

宁夏大学通过对复合秸秆成型饲料工艺的研究，确定了适宜的复合秸秆饲料成型工艺流程和工艺参数。得出：①采用 SYKH850 环模压块机，通过调整粗饲料中水分、糖蜜、膨润土的添加量及玉米秸秆与苜蓿干草的比例等条件，可压制出 3 厘米 ×3 厘米规格的牛羊复合秸秆成型状饲料。其最佳复合秸秆全日粮成型工艺流程为：粗饲料铡短、揉丝——生化复合处理——干燥——配置精饲料——混合——添加调质——压块——干燥冷却——打包；②精粗比 4：6 的日粮含水率为 21.48% 时，成型率最高，为 90.36%，密度最大，为 861.63 千克 / 立方米，抗碎性最好为 95.20%；③采用 3% 的膨润土添加水平为宜；④用苜蓿干草完全取代玉米秸秆时，压块效果最好。

3. 苜蓿草颗粒加工技术

刈割——晾晒或烘干——粉碎——调制——制粒——冷却——包装运输。一般苜蓿草颗粒压制时的模孔直径为 6～8 毫米，压模与压辊的间隙为 0.5 毫米左右。苜蓿草粉制粒时，加入蒸汽或热水调质，使原料苜蓿草粉含水量为 12%～14%，温度 50℃ 左右；刚挤出的苜蓿草颗粒温度可达 75～90℃，含水量为 16%～18%，需进行冷却和干燥，冷却后含水量降低至 13% 以下，温度低于 24℃ 时即可进行包装。

第三节 混合日粮配制技术

（一）概述

羊的日粮是指一只羊在一昼夜内采食各种饲料的总和；而肉羊混合日粮配制技术，是指把指定揉碎的粗料、精料和各种添加剂配制成满足肉羊生理生长和生产营养需要的一种混合物的技术。该技术有利于开发利用原来单独饲喂时适口性差的饲料资源，从而扩大饲料来源，降低饲养成本，并有利于因地制宜地开发尚未利用的饲料资源。

混合日粮在配制时首先要对原料营养成分进行测定；其次根据原料组成、营养成分、饲养标准进行配方设计，即根据肉羊不同生理、生长阶段的饲养标准和饲料营养成分，借助计算机，通过线性规划原理，求出营养全价且成本低廉的最优日粮配方；最后是对原料要准确称量和充分混合，混合时投料顺序一般为：干草（长干草需进行切短）——→精料（包括添加剂）——→青贮料，混合时间 4～6 分钟。

（二）特点

1. 针对性强

混合日粮是羊的完全日粮，故具有明确的针对性，需要根据肉羊生理阶段、生产性能进行分群饲喂，每一个群体的日粮配方各不相同，需要分别对待。这要求养殖场的技术人员工作热情高，责任心强。

2. 原料复杂

与单胃动物日粮配方设计不同的是，组成单胃动物日粮的各种饲料原料均为风干物质，在特定生理期内只有一种饲粮营养水平；而肉羊的日粮组成含干、青、精、粗物料较为复杂，有干、鲜两种计量指标，稍不注意就会发生较大偏差。如在代谢试验中，每只羊（每个代谢笼）要求提供 100 克干物质的青贮玉米，折青后为 400 克鲜重，配方师忘了在日粮配方中标注"干物质"或直接用鲜重显示日粮配方，结果造成饲养人员很大的困惑或投料不准，这就要求技术人员在设计肉羊日粮配方时，先统一换"干"后计算，再把干物质配方换成现场实际配方（换鲜）应用；每一个体重的饲粮有多种营养水平，可参见中国农业行业标准。NY/T 816-2004 肉羊饲养标准。

3. 配合原则

首先必须根据营养需要和饲养标准，明确养殖目标，并结合饲养实践予以灵活运用，使其具有科学性和实用性；其次要兼顾日粮成本和生产性能的平衡，必须考虑肉羊的生理特点，因地制宜，选用适口性强，营养丰富且价格低廉，经济效益好的饲料，确定出稳定的精粗比；最后是要测料配方，对于具体的养殖目标来说，其营养需要量是明确、唯一的，由于原料受产地、季节、收获期、加工的影响，其养分含量差异较大，这就需要对每一种可配原料进行养分实际检测，在每一种参配原料营养成分明确的基础上设计日粮配方。

4. 配方设计步骤

第一步，明确饲养目标，根据肉羊群的平均体重、生理状况及外界环境因素等确定每天每只肉羊的营养需要量；第二步，根据当地粗饲料的来源、品质及价格最大限度地选用粗饲料，也就是确定精粗比；一般粗饲料的干物质采食量占体重的 2% ~ 3%；青绿饲料需要转化成风干物质的量，一般可按 4 千克折合 1 千克青干草和干秸秆计算，以确定各类粗饲料干物质的喂量；第三步，根据羊只每日的总营养需要与粗饲料所提供的养分之差计算应由精料提供的养分量；第四步，确定混合精料的配方；第五步，根据日粮干物质配方，再把青绿（含青贮）干物质数量换算成实际鲜重，可获得肉羊的日粮配方。

（三）成效

混合日粮的应用，可产生以下效果：可满足肉羊不同的生长发育阶段不同的营养需要，有利于根据肉羊生产性能的变化调节日粮，控制生产；同时，在不降低其生产力的前提下，可以有效地开发和利用当地尚未充分利用的农副产品和工业副产品等饲料资源；有利于进行大规模的工业化生产，减少饲喂过程中的饲草浪费，使大型养殖场的饲养管理省时省力，有利于提高规模效益和劳动生产率；可以显著改善日粮的适口性，有效地防止肉羊挑食，从而提高肉羊干物质的采食量和日增重；可以有效防止肉羊消化系统机能的紊乱，全混合日粮含有营养均衡、精粗比适宜的养分，肉羊采食全混合日粮后瘤胃内可利用碳水化合物与蛋白质分解更趋于同步；同时又可以防止肉羊在短时间内因过量采食精料而引起瘤胃 pH 值的突然下降；还能维持瘤胃微生物（细菌与纤毛虫）的数量、活力及瘤胃内环境的相对稳定，使瘤胃内发酵、消化、吸收及代谢正常进行，有利于饲料利用率及乳脂率的提高，并减少了真胃移位、酸中毒、食欲不良及营养应激等疾病发生的可能性。

（四）案例

1. 湖羊羔羊短期育肥全混合日粮配制

安徽省农科院畜牧兽医研究所以青贮玉米秸、青贮苹果渣、混合精料为原料，利用全混合日粮配制技术按不同原料比例配制湖羊羔羊育肥全混合日粮，试验I组原料组成为：青贮玉米秸 60%、混合精料 40%，代谢能 10.21 兆焦 / 千克、粗蛋白 12.57%，价格 1.12 元 / 千克；试验II组原料为：青贮苹果渣 60%、混合精料 4 0%，代谢能 10.43 兆焦 / 千克、粗蛋白 12.56%，价格 0.89 元 / 千克；试验III组原料为：青贮玉米秸 30%、青贮苹果渣 30%、混合精料 40%，代谢能 10.58 兆焦 / 千克、粗蛋白 12.57%，价格 0.92 元 / 千克。饲喂期 50 天内，试验I、II、III组肉羊日增重分别为 184.78 克、189.03 克、202.30 克，增重 1 千克饲料消耗量分别为 8.87 千克、9.05 千克、8.65 千克，投入产出比分别为 1 : 1.82、1 : 2.15、1 : 2.20。从日增重和收益分析，说明同时添加青贮玉米秸、青贮苹果渣、混合精料的全混合日粮短期育肥湖羊羔羊的效果最好。

2. 育肥羊饲草型全混合日粮配制

内蒙古农业大学参照肉羊育肥饲料营养标准，以紫花苜蓿、玉米秸秆、小麦秸秆、番茄皮渣等粗饲料及肉羊精料补充料为原料，利用全混合日粮配制技术，按不同原料比例配制内蒙古半细毛羊育肥全混合日粮，通过肉羊瘤胃液体外消化特性和日粮组合效应等各项指标，综合评定日粮饲用价值，确定了最适合肉羊育肥的饲草型全混合日粮配方：①玉米秸为日粮基料的日粮中，最佳全混合日粮配方为精料 20%、苜蓿 30%、玉米秸 40%、番茄皮渣 10%，营养价值为代谢能 8.27 兆焦／千克、粗蛋白 12.01%；精料 20%、苜蓿 40%、玉米秸 40%，营养价值为代谢能 8.47 兆焦／千克、粗蛋白 11.84%。②以小麦秸为日粮基料的日粮中，最佳全混合日粮配方为精料 20%、苜蓿 35%、小麦秸 35%、番茄皮渣 10%，营养价值为代谢能 8.87 兆焦／千克、粗蛋白 12.0%；精料 20%、苜蓿 40%、小麦秸 40%，营养价值为代谢能 8.96 兆焦／千克、粗蛋白 11.71%（图 3-18）。

图 3-18 羔羊补饲料

第四章 环境控制技术

第一节　羊舍设计与建造技术

一、南方楼式羊舍设计与建造技术

（一）概述

针对我国南方年均温差小、日均温差大，干湿季分明，降雨集中，导致夏秋季湿热现象明显的气候条件，以及山羊喜欢干燥、清洁、怕潮湿的特性，在南方设计了楼式羊舍。

根据羊舍墙壁的封闭程度，划分为封闭舍、开放舍和棚舍3种类型。封闭舍四周墙壁完整，有较好的保温性能，适合于较寒冷的地区；开放舍三面有墙，一面无墙或只有半截墙，通风采光好，但保温性能差，适合于较温暖的地区；棚舍只有屋顶而没有墙壁，只能防雨和太阳辐射，适合于我国南方地区。

根据建筑材料分，有砖瓦结构式、土木结构式和木结构楼式羊舍3种。砖瓦结构的楼式羊舍为瓦顶盖、砖砌墙，舍内用水泥或木条为板条材料架设离地羊床，四周设有门窗；土木结构式羊舍多数是利用空闲旧房改造而成，该羊舍为泥地台、草屋顶、土坯墙，内设离地羊床，多用当地木条作材料制成；木结构楼式羊舍多采用单列式木结构。

根据羊舍屋顶的形式，可分为单坡式、双坡式、拱式等类型。单坡式羊舍跨度小，自然采光好，投资少，适合于小规模养羊；双坡式羊舍跨度大，有较大的设施安装空间，是大型羊场常采用的一种类型，但造价也相对较高。

（二）技术特点

1. 舍址选择

需要根据现有羊数量和发展规模以及资金状况、机械化程度等来制定规划。同时，还应充分考虑当地条件，降低生产成本等。羊舍应建在地势较高，排水良好，通风干燥，向阳透光，水源充足的地方。

2. 羊舍形式

羊舍布置一般为单列式（图4-1）和双列式（图4-2）。在缓坡地带，适合建筑单列式，由于羊楼出粪口设在运动场上，所以，羊楼一般靠运动场一边，投饲通道设在羊楼的内侧；双列式一般以羊舍长轴布置羊楼，以投饲通道将羊楼分开，出粪口设在两边的运动场内。

3. 羊舍构造指标

羊舍一般宽4～6米，高2～3米，长度根据养羊的数量而定。羊在舍内或栏内所占单位面积具体说公羊为1～1.5平方米，母羊为0.5～1平方米，怀孕母羊和哺乳母羊为1.5～2平方米，幼龄公母羊和育成羊为0.5～0.6平方米。每舍存栏不超过30只为宜。

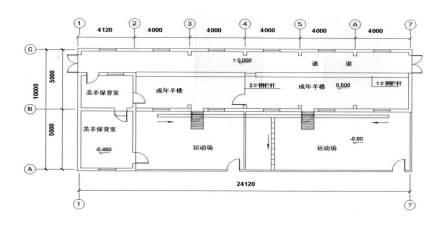

图 4-1 单列式羊舍平面图

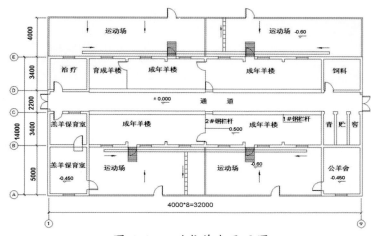

图 4-2 双列式羊舍平面图

　　羊舍楼板距地面高度为 1.2 ～ 1.5 米，以方便饲喂人员添加草料为宜。羊床宽一般为 2.5 米，羊舍中柱与柱之间为木栅栏，特别防范羔羊窜逃或窜入粪池。羊舍地板用竹片或木条制作成漏缝板，板面横条宽 3 ～ 5 厘米，厚 3.8 厘米，漏缝宽 1 ～ 1.5 厘米。在漏缝木条下设置粪池，漏缝木条与粪池的距离一般 80 厘米。粪池的除粪口与运动场相连接，出粪口一般 0.8 ～ 1.0 米（图 4-3）。

　　漏缝板背阳面安排草料架、水槽和人行道。草料架高度视羊群个体大小而定，通常成年羊料槽上口宽 50 厘米、地板至料槽上缘高 40 ～ 50 厘米（育成羊 30 ～ 35 厘米），料槽深 20 ～ 25 厘米、每只羊所占长度 25 ～ 45 厘米。水槽置于草料架两侧。人行道宽度为 0.8 米左右。羊舍门窗、地面及通风设施要便于通风、保温、防潮、干燥、饲养管理、确保舍内有足够的光照。门净宽 1.3 米左右，高 1.8 ～ 2.0 米，双扇外开门。窗一般宽 1.0 ～ 1.2 米，高 0.7 ～ 0.9 米。门窗台距地面羊楼高 1.5 米（图 4-4、图 4-5）。

　　漏缝板朝阳面为斜坡进入运动场。斜坡阔度以 1.0 ～ 1.2 米为宜，坡度小于 45 度。

积粪斜面坡度应以 30 ～ 45 度为佳，利于日常粪便排放冲洗。

4. 辅助设施

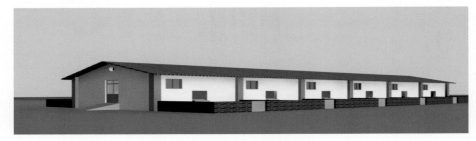

图 4-3 楼式羊舍建造示意图

图 4-4 楼式羊舍　　　　图 4-5 楼式羊舍内部结构

运动场的地面用砖或水泥混凝土，面积是羊楼的 2 倍。在运动场上设梯步让羊只进入羊楼，运动场小门不影响除粪车出入，一般宽 1.2 米，运动场围墙高 1.2 ～ 1.4 米。

产房、青年羊舍、羔羊舍可合并周转使用，一般建在羊楼上或在运动场设专门的羔羊圈，为便于保温，以建成地面形式较好。羔羊舍可用钢管焊接隔成小间，羔羊诱饲、补饲料槽可用木料、圆钢制成活动式料槽，安放在羔羊舍内（见下表）。

表　不同饲养规模羊群组成及圈栏设置

饲养规模（只）	式样	用途	修建规格（米、平方米）			
			幢数	长×宽	面积/幢	每幢圈数
50	单列式	母羊、产房等	1	36.24×4.24	153.7	9
		运动场		36.24×5.5	199.3	
	双列式	母羊、产房等	1	20.24×7.24	146.5	10
		运动场		20.24×5.5×2	222.6	
100	单列式	母羊	1	40.24×4.24	170.6	10
		育成羊、产房	1	40.24×4.24	170.6	10
		运动场		40.24×5.5	221.3	
		挤奶间	与育成舍合并			

（续表）

饲养规模（只）	式样	用途	修建规格（米、平方米）			
			幢数	长×宽	面积/幢	每幢圈数
100	双列式	母羊	1	20.24×7.24	146.5	10
		育成羊、产房等	1	20.24×7.24	146.5	10
		运动场		20.24×5.5×2	222.6	
		挤奶间	与育成舍合并			

（三）成效

羊舍是羊只围栏圈养生存、生产的主要场所，楼式羊舍建筑材料因地制宜，取材广泛，总的原则是经久耐用。楼式羊舍成本投资少，科学适用，效益明显，特别是南方气候炎热，多雨潮湿，更是值得广泛推广。

一是有效地解决集约化、规模化养羊的难题。楼式羊舍的设计，使分散的羊群集中，实现了工厂化养羊，农户养羊不受数量多少的限制。楼式羊舍能有效地解决粪便清理和羊群转移、乱交乱配、草料污染等多种问题，减少了日常管理的劳动强度，大大提高了劳动生产效率。实践证明，使用楼式羊舍的劳动效率是普通散、放养的10倍以上。

二是降低羊群的发病率。楼式羊舍冬暖夏凉，冬天圈舍保温，夏天通风透气，雨天免受潮渍，特别是南方高温多雨地区，使用楼式羊舍可取得明显效果，其商品羊生长周期比普通羊舍养羊缩短2个月左右。羊体、草料与粪尿隔离，减少羊病重复感染机会，草料保持清洁新鲜、饮水不受污染，各类细菌、真菌、寄生虫等疾病发病率显著降低。一般使用楼式羊舍，羊只发病率小于4%，死亡率低于2%。

三是降低饲料成本。使用楼式羊舍规模养羊技术，可以实现青绿饲料、精料、作物秸秆、颗粒料、营养舔砖相互搭配饲喂，保证羊只不同生长时期的营养需求。料槽喂料可节省饲料25%以上。

（四）案例（图4-6、图4-7）

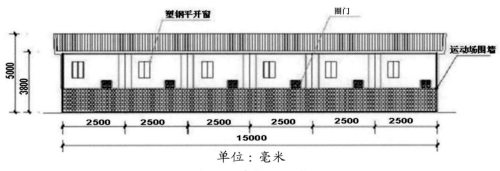

单位：毫米

图4-6 羊舍立面图

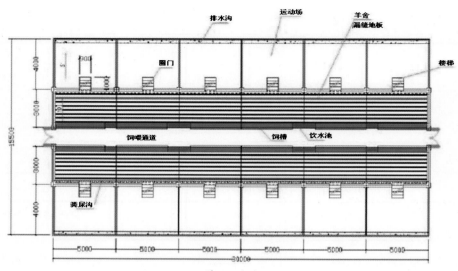

单位：毫米

图 4-7 羊舍平面图

云南省石林生龙生态农业科技有限公司建有养殖 2000 余只繁殖母羊的高床羊舍。经对夏季高床羊舍舍内环境状况进行了评价，结果表明，双列式羊舍舍内羊床的温度早晨和中午分别为 24.6℃、28.2℃，相对湿度分别为 67.1%、51.6%，风速分别为 0.30 米 / 秒、0.52 米 / 秒，自然照度系数 0.82%。舍内总悬浮颗粒物 0.15 毫克 / 立方米、可吸入颗粒物 0.059 毫克 / 立方米、氨气 0.32 毫克 / 立方米、硫化氢 0.0031 毫克 / 立方米，恶臭稀释倍数为 66。目前，我国尚无羊舍空气环境质量标准，参照牛舍空气环境质量，综合评价，在当地这样的环境条件下，该羊舍适合舍饲山羊。

二、北方暖棚式羊舍设计与建造技术

（一）概述

北方冬季严寒漫长，最低气温可达到 -30℃，这样的低温对肉羊的生长十分不利。但日光资源丰富，暖棚羊舍是利用塑料膜的透光性和密闭性，设计在三面全墙，向阳一面有半截墙，有 1/2 ~ 2/3 的顶棚。向阳的一面在温暖季节露天开放，寒冷季节在露天一面用竹片、钢筋等材料做支架，上覆单层或双层塑料，两层膜间留有间隙，使羊舍呈封闭的状态，借助太阳能和羊体自身散发热量，将太阳能的辐射热和羊体自身散发热保存下来，提高棚内温度，达到防寒保温的目的。

（二）技术特点

1. 羊舍场地的选择

羊舍应选择在地势高、干燥、背风向阳、坐北朝南、排水性能良好的地方，同时附近还要有清洁的水源。羊舍方位要有利于采光，以坐北朝南，东西延长为宜。为了延长午后日照时间，以偏西角度 5 度左右，但不得超过 10 度为宜。

2. 羊舍建设材料

建筑材料应就地取材，总的原则是坚固、保暖和通风良好。羊舍地面要高出舍外地面 20 厘米以上，地面应由里向外保持一定的坡度，以便清扫粪便和污水。舍内地面要平坦，有弹性且不滑。养殖场采取砖铺地面，容易清扫，地面也不会太硬；养羊数量较少的农户，最经济、最简单适用的地面为沙土地面。

3. 羊舍构造指标

（1）暖棚半坡式暖棚羊舍：羊舍跨度为 7.0 米左右，脊高为 3 米，前坡南沿高 2.8 米，长度视养羊数量确定，以 50 米为宜。可以每隔一段修一个隔墙，分成若干个单羊舍。前墙高 1.3 米，后墙高 1.8 米。北墙和东西山墙厚度为 0.37 米，南墙和隔墙厚度为 0.24 米。前坡为羊舍开放部分，上面用竹竿或木杆架起，每个架杆间距 1 米，冬季用塑料薄膜覆盖，形成保温舍。后坡为封闭部分，上面要铺保温和防雨材料。后墙离地 1.5 米（下沿）设窗户，冬季封死；前墙设 2.0 米左右宽的门（或栅栏），冬季设保温门。每间舍最高点要设 1 个可开关的换气孔，用于调节舍内空气质量与温度。

（2）单列式半拱圆形塑膜暖棚羊舍：棚舍前后跨度 6 米，中梁高 2.5 米，后墙高 1.7 米，前沿墙高 1.1 米，后墙与中梁之间用木椽搭棚，中梁与前沿墙之间用竹片搭成弓形支架，上覆棚膜。棚舍山墙留一高约 1.8 米、宽约 1.2 米的门，供羊只和饲养人员出入。距离前沿墙基 5～10 厘米处留进气孔，棚顶留一排气百叶窗，排气孔是进气孔的 1.5～2 倍。棚内沿墙设补饲槽、产仔栏。百叶窗、排气孔、进气孔视暖棚大小和当地气候而定，寒冷地区少留，较热地区可增加 1～2 个（图 4-8）。

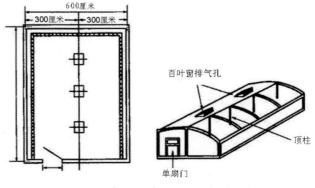

图 4-8 单列式半拱圆形塑膜暖棚
羊舍建设示意图

4. 羊舍面积

棚舍内饲养密度要合理，密度过大，羊舍内有害气体增多，羊容易患病；密度太小，羊自身产生的热量少，冬季时候棚舍内温度过低，不利于羊的生长。一般情况下，基础母羊每只占棚圈面积 1.5 平方米、育肥羊平均每只 0.8 平方米、小羔羊平均每只 0.5 平方米、公羊每只按 4～5 平方米计算。

5. 羊床

羊床以三合土为好，也可铺砖。高出道路 5 厘米，以利保持干燥。有适宜的坡度，不宜太大，保持 2% 为宜。

6. 辅助设施

（1）饲槽、水槽。舍内设食槽和饮水槽，为固定式，食槽做成统槽式，其长度和羊床的长度相同，高度应该与羊背相平，宽约50厘米，深25厘米左右，前高后低。并设有70厘米高的栅栏将食槽隔开。饮水槽设在舍内或运动场。

（2）舍内通风。塑料棚舍应设通气孔，每天中午温度最高时候打开棚顶气窗，换气0.5～2.0小时，以排除蓄积的水蒸气和氨气、硫化氢等有害气体；放羊前要提前打开通气窗，逐渐使舍内外温度达到平衡再出舍，防止因温差过大使羊感冒。每日放羊时尽量使舍内通风散湿，当下午天气变冷时关闭通风窗，以提高舍内温度。羊舍中北墙靠底侧的通风孔在入秋后应堵死，以防寒风袭入。来年立夏之前再打开，便于舍内通风良好。

（3）运动场。羊舍紧靠出入口应设有运动场，应是地势高燥，排水良好。运动场的面积可视羊的数量而定，以能够保证羊的充分活动为原则，运动场面积一般为羊舍面积的2～3倍。运动场周围要用墙围起来，四周最好栽上树，这样夏季能够遮挡强烈阳光。羊舍与运动场的门宽度应该在2米以上，最好用双扇门，要朝外开。门太窄容易造成羊只过度拥挤，造成母羊因挤压而流产等现象。根据羊舍长度和羊群数量多少设置门的数量，一般长形羊舍不少于2个门。门槛应与舍内地面等高，舍内地面应高于舍外运动场地面，以防止雨水倒流。

（三）成效

利用塑料暖棚养羊，较好地解决冬季养羊的生产环境问题。在北方地区的寒冷季节（1～2月份和11～12月份），塑膜棚羊舍内的最高温度可达3.7～5.0℃，而最低温度为 -2.5～-0.7℃。暖棚内温度比棚外日平均温度高7～10℃，创造适于羊只生长发育的环境，提高了羔羊的成活率，减少羊只为御寒维持体温的热能消耗，提高营养物质的有效利用，进而获得较好的经济效益。

（四）案例

四川省草原研究所推广的保暖板暖棚羊舍，在高寒地区效果好。采用的双层中空塑料保暖板效果较聚氯乙烯膜、聚乙烯膜、无滴膜更具优点。保暖板的技术性能：抗拉断力 >160 牛；断裂伸长率 >150 牛；平面压缩力 >900 牛；垂直压缩力 <60 牛。一般可见光（400～800 纳米）的透光率在 82.4%～86%，即大部分太阳光波可穿过保暖板进入暖棚，太阳能得到合理利用。耐老化，寿命长，一般建成可使用 3～5 年。舍内采光温度比外界提高 13℃，最高相差 18.8℃，而且抗风、抗冰雹、抗雪压。

第二节　羊场环境控制技术

（一）概述

羊场环境是指影响羊生活的各种因素的总和，包括空气、土壤、水和动物、植物、微生物等自然环境，羊舍及设备、饲养管理、选育、利用等人为环境。环境控制是羊场生产管理的关键环节，主要包括自然环境和人为环境的控制，给羊提供舒适、清洁、卫生、安全的环境，使其发挥最大的生产性能，为生产带来巨大利益。

（二）技术特点

1. 羊场环境对肉羊的影响

（1）温度。温度是肉羊的主要外界环境因素之一，羊的产肉性能只有在一定的温度条件下才能充分发挥遗传潜力。温度过高或过低，都会使产肉水平下降，甚至使羊的健康和生命受到影响。温度过高超过一定界限时，羊的采食量随之下降，甚至停止采食；温度太低，羊吃进去的饲料全被用于维持体温，没有生长发育的余力。一般情况下羊舍适宜温度范围 5 ～ 21℃，最适温度范围 10 ～ 15℃；一般冬季产羔舍舍温不低于 8℃，其他羊舍不低于 0℃；夏季舍温不超过 30℃。

（2）湿度。空气相对湿度的大小，直接影响着肉羊体热的散发，潮湿的环境有利于微生物的发育和繁殖，使羊易患疥癣、湿疹及腐蹄等病。羊在高温、高湿的环境中，散热更困难，往往引起体温升高、皮肤充血、呼吸困难，中枢神经因受体内高温的影响，机能失调最后致死。在低温、高湿的条件下，羊易感冒、患神经痛、关节炎和肌肉炎等各种疾病。对羊来说，较干燥的空气环境对健康有利。羊舍应保持干燥，地面不能太潮湿。舍内的适宜相对湿度以 50% ～ 70% 为宜，不要超过 80%。

（3）光照。光照对肉羊的生理机能，特别是繁殖机能具有重要调节作用，而且对肥育也有一定影响。羊舍要求光照充足，一般来说，适当降低光照强度，可使增重提高 3% ～ 5%，饲料转化率提高 4%。采光系数一般为成年羊 1:15 ～ 25，高产羊 1:10 ～ 12，羔羊 1:15 ～ 20。

（4）气流。气流对羊有间接影响，在炎热的夏季，气流有利于对流散热和蒸发散热，对育肥有良好作用，此时，应适当提高舍内空气流动速度，加大通风量，必要时可辅以机械通风。冬季气流会增强羊体的散热量，加剧寒冷的影响。在寒冷的环境中，气流使羊能量消耗增多，进而影响育肥速度。而且年龄愈小所受影响愈严重。不过，即使在寒冷季节舍内仍应保持适当的通风，有利于将污浊气体排出舍外。羊舍冬季以 0.1 ～ 0.2 米 / 秒为宜，最高不超过 0.25 米 / 秒。夏季则应尽量使气流不低于 0.25 ～ 1 米 / 秒。

（5）空气中的灰尘。羊舍内的灰尘主要是由于打扫地面、分发干草和粉干料、翻动垫草等产生的。灰尘对羊体的健康有直接影响。另外，灰尘降落在眼结膜上，会引起灰尘性结膜炎。空气中的灰尘被吸入呼吸道，使鼻腔、气管、支气管受到机械性刺激。

（6）微生物。羊在咳嗽、喷嚏、鸣叫时喷出来的飞沫，使微生物得以附着并生存。病原微生物和飞沫上附着灰尘，分别形成灰尘感染和飞沫感染，在畜舍内主要是飞沫感染。在封闭式的羊舍内，飞沫可以散布到各个角落，使每只羊都有可能受到感染。因此，必须做好舍内消毒，避免粉尘飞扬，保持圈舍通风换气，预防疾病发生。

（7）有害气体。舍内有害气体增加，严重时危害羊群健康，其中，危害最大的气体是氨和硫化氢。氨主要由含氮有机物如粪、尿、垫草、饲料等分解产生；硫化氢是由于羊采食富含蛋白质的饲料，消化机能紊乱时由肠道排出的。其次是一氧化碳和二氧化碳。为了消除有害气体要及时清除粪尿，并勤换垫草，还要注意合理换气，将有害气体及时排出舍外。羊舍内氨含量应不超过 20 毫克 / 立方米，硫化氢含量不超过 8 毫克 / 立方米，二氧化碳含量不超过 1500 毫克 / 立方米，恶臭稀释倍数不低于 70。

2. 羊场环境控制关键环节

（1）正确选址。羊舍选址应保证防疫安全。应选择地势高、背风向阳，距离主要的交通要道 500 米以上的地方。全年主风向的上风向不得有污染源，场内的兽医室、病羊隔离室、贮粪池、化尸坑等应设于下风向，以防疫病传播。

（2）合理绿化。羊舍周围的环境绿化有利于羊的生长和环境的保护。大部分绿色植物可以吸收羊群排出的二氧化碳，有些还可以吸收氨气和硫化氢等有害气体，部分植物对铅、镉、汞等也有一定的吸收能力。有研究证明，植物除了吸收上述气体外，还可以吸附空气中的灰尘、粉尘，甚至有些植物还有杀菌作用，做好羊场绿化可以使羊舍空气中的细菌大量减少。另外，羊场的绿化还可以减轻噪音污染、调节场内温度和湿度、改善区内小气候、减少太阳直射和维持羊舍气温恒定等诸多作用。

（3）羊舍建设合理。要因地制宜，建设有利于控制环境的羊舍。

楼式羊舍冬暖夏凉，冬天圈舍保温，夏天通风透气，雨天免受潮渍，特别是南方高温多雨地区，使用楼式羊舍可取得明显效果。

棚式、栅舍结合式羊舍，空气流动性大，有害气体较少，但不利于保温。封闭式羊舍利于保温，但不利于换气。因此在设计上封闭羊舍要具备良好的通风换气性能，能及时排出舍内污浊空气，保持空气新鲜。北方采取封闭式羊舍有利于羊生长。

采光面积通常是由羊舍的高度、跨度和窗户的大小决定的。在气温较低的地区，采光面积大有利于通过吸收阳光来提高舍内温度，而在气温较高的地区，过大的采光面积又不利于避暑降温。实际设计时，应按照既利于保温又便于通风的原则灵活掌握。

羊舍地面的材料、坡度、施工质量，都关系到粪尿、污水能否顺利排除。排水和清粪系统设计、施工不合理，也会造成粪尿污水的滞留，成为有毒有害气体的来源。

（4）净化和保护水源。饮用水的质量对于羊的健康极为重要，饮用水的水源应该清洁安全无污染。井水水源周围 30 米、江河取水点周围 20 米、湖泊等水源周围 30 ~ 50 米内不得建粪池、污水坑和垃圾堆等污染源。羊舍与井水源也应保持至少 30 米的距离。另外，还要对水源进行检测，使其符合国家规定的相关肉羊生产饮用水标准，水源水质不符合要求的应该进行净化和消毒处理。水中的泥沙、悬浮物、微生物等应先进行沉淀处理，使水中的悬浮物和微生物含量下降。然后对沉淀后的水再进行消毒处理，大型养羊场集中供水时可采取液氯进行消毒，小型集中或分散式供水可用漂白粉等消毒。

（5）保护草地与提高饲草质量。放牧地和饲草对于养羊至关重要，保护好草原、饲喂清洁饲料可以有效地防控羊疾病。因此，草场的肥料应该以优质的有机肥为主，灌溉用水也应清洁无污染。在防治牧草病虫害时也应选择高效、低毒和低残留的化学药物或生物药物。当利用人畜的粪尿做肥料时，应先用生物发酵法进行无害化处理。当局部草地被病羊的排泄物、分泌物或尸体污染后，可以用含有效氯 2.5% 的漂白粉溶液、4% 的甲醛、10% 的氢氧化钠等消毒液喷洒消毒。对于舍饲羊，重点是羊舍的消毒和饲草的控制，严禁饲喂被污染的草料。

（6）严格消毒。根据本地实际情况制定切实可行的消毒制度，羊舍消毒时应先清扫，后用清水冲洗。冲洗完后用化学消毒药喷洒。消毒药可用 10% 的漂白粉溶液、0.5%～1.0% 的菌毒敌、0.5% 的过氧乙酸等。消毒时用喷雾器将药物喷洒到地面、墙壁、天花板和用具上，经过一段时间的通风后，再用清水冲洗饲槽和水槽等用具即可。此外，还可以按每立方米 12.5～50.0 毫升的甲醛，加入等量的水加热熏蒸消毒或每立方米用 42 毫升的福尔马林和 21 克高锰酸钾混合熏蒸消毒 24 小时后，再通风 24～48 小时。一般情况下，每年春秋两季各进行一次彻底消毒。

第五章　饲养管理技术

第一节　肉羊舍饲养殖技术

一、肉羊全舍饲TMR饲喂技术

（一）概述

全混合日粮（Total Mixed Rations，TMR）饲喂技术，又称 TMR 饲喂技术是指根据肉羊不同生理阶段或饲养阶段的营养需要，把切短的粗饲料、青贮饲料、精饲料以及各种饲料添加剂进行科学配比，经过在饲料搅拌机内充分混合后得到一种营养相对平衡的全价日粮，直接供羊自由采食的饲养技术。该技术适合于较大规模的肉羊饲养场，但小型养殖场户一般可采用简易饲料搅拌机混合后直接饲喂的方法，也可取得较好的饲喂效果。

（二）技术特点

1．合理划分饲喂群体

为保证不同阶段、不同体况的肉羊获得相应的营养需要。防止营养过剩或不足，并便于饲喂与管理，必须分群饲喂（图5-1）。分群管理是使用 TMR 饲喂方式的前提，理论上羊群分的越细越好，但考虑到生产中可操作性，建议如下。

图 5-1　分群饲养

（1）对于大型的自繁自养肉羊场，应根据生理阶段划分为种公羊及后备公羊群、空怀期及妊娠早期母羊群、泌乳期母羊、断奶羔羊及育成羊群等群体。其中，哺乳后期的母羊，因为产奶量降低和羔羊早期补饲采食量加大等原因，应适时归入空怀期母羊群。

（2）对于集中育肥羊场，可按照饲养阶段划分为前期、中期和后期等羊群。

（3）对于小型肉羊场，可减少分群数量，直接分为公羊群、母羊群、育成羊群等。饲养效果的调整可通过喂料量控制。

2．科学设计饲料配方

根据羊场实际情况，考虑所处生理阶段、年龄胎次、体况体型、饲料资源等因素合理设计饲料配方。同时，结合各种群体的大小，尽可能设计出多种 TMR 日粮配方，并且每月调整 1 次。

可供参考的 TMR 日粮配方如下。

（1）种公羊及后备公羊群：精料 26.5%，苜蓿干草或青干草 53.1%，胡萝卜 19.9%，食盐 0.5%。其中，精料配方为玉米 60%，麸皮 12%，豆饼 20%，鱼粉 5%，碳酸氢钙 2%，食盐

1%，添加剂 1%。

（2）空怀期及妊娠早期母羊群：苜蓿 50%，青干草 30%，青贮玉米 15%，精料 5%。其中，精料配方为玉米 66%，麸皮 10%，豆饼 18%，鱼粉 2%，碳酸氢钙 2%，食盐 1%，添加剂 1%。

（3）妊娠后期及泌乳期母羊：干草 46.6%，青贮玉米 38.9%，精料 14.0%，食盐 0.5%。精料比例在产前 6～3 周增至 18%～30%。

（4）断奶羔羊及育成羊群：玉米（粒）39%，干草 50%，糖蜜 5%，油饼 5%，食盐 1%。此配方含粗蛋白质 12.2%，钙 0.62%，磷 0.26%，精粗比为 50∶50。

（5）育肥羊群：豆秸 10%，玉米秸秆 20%，青干草 20%，精料 50%。其中，精料配方为玉米 44%，麦麸 18%，豆粕 12%，亚麻饼或棉粕 20%，预混料 6%。精粗比为 50∶50。

3. TMR 搅拌机的选择

在 TMR 饲养技术中能否对全部日粮进行彻底混合是非常关键的，因此，羊场应具备能够进行彻底混合的饲料搅拌设备。

TMR 搅拌机容积的选择：一是应根据羊场的建筑结构、喂料道的宽窄、圈舍高度和入口等来确定合适的 TMR 搅拌机容量；根据羊群大小、干物质采食量、日粮种类（容重）、每天的饲喂次数以及混合机充满度等选择混合机的容积大小。通常，5～7 立方搅拌车可供 500～3000 只饲养规模的羊场使用。

TMR 搅拌机机型的选择：TMR 搅拌机分立式、卧式、自走式、牵引式和固定式等机型（图 5-2、图 5-3）。一般讲，立式机要优于卧式机，表现在草捆和长草无需另外加工；混合均匀度高，能保证足够的长纤维刺激瘤胃反刍和唾液分泌；搅拌罐内无剩料，卧式剩料难清除，影响下次饲喂效果；机器维修方便，只需每年更换刀片；使用寿命较长。

图 5-2 甘肃省规模羊场使用的固定式卧式 7 立方搅拌车结构图　　图 5-3 甘肃省规模羊场使用的固定式卧式 5 立方搅拌车

4. 填料顺序和混合时间

饲料原料的投放次序影响搅拌的均匀度。一般投放原则为先长后短，先干后湿，先轻后重。添加顺序为精料、干草、副饲料、全棉籽、青贮、湿糟类等。不同类型的混合搅拌机采用不同的次序，如果是立式搅拌车应将精料和干草添加顺序颠倒。

根据混合均匀度决定混合时间。一般在最后一批原料添加完毕后再搅拌 5～8 分钟即可。若有长草要铡切，需要先投干草进行铡切后再继续投其他原料。干草也可以预先切短

再投入。搅拌时间太短，原料混合不匀；搅拌过长，TMR 太细，有效纤维不足，使瘤胃 pH 值降低，造成营养代谢病。

5. 物料含水率的要求

TMR 日粮的水分要求在 45%～55%。当原料水分偏低时，需要额外加水；若过于（<35%），饲料颗粒易分离，造成奶牛挑食；过湿（>55%）则降低于物质采食量（TMR 日粮水分每高出 1%，干物质采食量下降幅度为体重的 0.02%），并有可能导致日粮的消化率下降。水分至少每周检测一次。简易测定水分的方法是用手握住一把 TMR 饲料，松开后若饲料缓慢散开，丢掉料团后手掌残留料渣，说明水分适当；若饲料抱团或散开太慢，说明水分偏高；若散开速度快且掌心几乎不残留料渣，则水分偏低。

6. 饲喂方法

每天饲喂 3～4 次，冬天可以只喂 3 次。保证料槽中 24 小时都有新鲜料（不得多于 3 小时的空槽），并及时将肉羊拱开的日粮推向肉羊，以保证肉羊的日粮干物质采食量最大化，24 小时内将饲料推回料槽中 5～6 次，以鼓励采食并减少挑食。

7. TMR 的观察和调整

日粮放到食槽后一定要随时观察羊群的采食情况，采食前后的 TMR 日粮在料槽中应该基本一致。即要保证料脚用颗粒分离筛的检测结果与采食前的检测结果差值不超过 10%。反之则说明肉羊在挑食，严重时料槽中出现"挖洞"现象，即肉羊挑食精料，粗料剩余较多。其原因之一是因饲料中水分过低，造成草料分离。另外，TMR 制作颗粒度不均匀，干草过长也易造成草料分离。挑食使肉羊摄入的饲料精粗比例失调，会影响瘤胃内环境平衡，造成酸中毒。一般肉羊每天剩料应该占到每日添加量的 3%～5% 为宜。剩料太少说明肉羊可能没有吃饱，太多则造成浪费。为保证 E1 粮的精粗比例稳定，维持瘤胃稳定的内环境，在调整日粮的供给量时最好按照日粮配方的头日量按比例进行增减，当肉羊的实际采食量增减幅度超过日粮设计给量的 10% 时就需要对日粮配方进行调整。

（三）成效

一是确保日粮营养均衡。由于 TMR 各组分比例适当，且均匀混合，肉羊每次采食的 TMR 中，营养均衡、精粗料比例适宜，能维持瘤胃微生物的数量及瘤胃内环境的相对稳定，使发酵、消化、吸收和代谢正常进行，因而有利于提高饲料利用率，减少消化道疾病、食欲不振及营养应激等。据统计，使用 TMR 可降低肉羊发病率 20%。二是提高肉羊生产性能。由于 TMR 技术综合考虑了肉羊不同生理阶段对纤维素、蛋白质和能量需要，整个日粮较为平衡，有利于发挥肉羊的生产潜能。三是提高饲料利用效率。采用整体营养调控理论和电脑技术优化饲料配方，使肉羊采食的饲料都是精粗比例稳定、营养浓度一致的全价日粮，它有利于维持瘤胃内环境的稳定，提高微生物的活性，使瘤胃内蛋白质和碳水化合物的利用趋于同步，比传统饲养方式的饲料利用率提高 4%。四是有利于充分利用当地饲料资源。由于 TMR 技术是将精料、粗料充分混合的全价日粮，因此，可以根据当地的饲料资源调整饲料配方，将秸秆、干草等添加进去。五是可节省劳力：混合车是应用 TMR 的理想容器，它容易操作，节省时间，只要花 0.5 小时就可以完成装载、混合和喂料。即使是 3000 只的大羊场用混合车喂料也只要 3 小时就够了，因此大大节省了劳力和时间，提高了工作效率，有助于推进肉羊养殖的规模化和集约化。

（四）案例

2009 年在甘肃永昌和民勤的两个规模化羊场使用司达特（北京）畜牧设备有限公司固定式卧式搅拌车生产 TMR，开展了肉羊 TMR 加工工艺参数筛选与工艺设计，建立了适应河西走廊地区的绵羊全混合日粮生产和饲喂技术规程，提高了饲草料资源的利用率。但肉羊全混合日粮饲喂技术也存在几个误区：一是未注重饲料原料水分含量。为了避免这种情况的出现，若水分低于 45% 时，就需在配制和混合过程中另行加水。但是，"另行加水"不能过多，也不能过少，不要以为就这么点儿水，加多加少都无所谓，因为它影响着 TMR 的含水量。另外，在有明显气候变化的地区，如雨量较大的阵雨过后，或者较长的雨期中间，露天贮存的青贮饲料水分都会增加很多。对于一批新采购的饲料以及当地的农副产品如啤酒糟、粉渣等，都要考虑饲料水分的测定。如果饲料水分的变化超过 2%，就应该重新调整 TMR 的配方。二是混合时间不合理。一定长度的有效纤维是肉羊反刍和优化瘤胃功能所不可缺少的。所有的 TMR 混合机或搅拌车都有短切或撕短饲料纤维的功能，其撕短纤维的程度随着时间的增加而增加。为了防止 TMR 的过度混合，减少产生过短的饲料纤维，也为了减少混合机的过快磨损，应该遵循制造商所推荐的混合时间，并要定期地用饲草粒度分离筛测定上、中和下层箱体内的饲料剩留比例，及时调整 TMR 混合时间。三是原料称取不准确。在 TMR 的实际配合与混和过程中，为了方便，对各种"被称重"或"被混合"的饲料数量都是有取舍的，通常不是个位数而是十位数。因此，如果在 TMR 中配入和混合的饲料种类越多，势必取舍的次数越多，可能造成与原有 TMR 配方有较大的差距。为了尽可能地符合原 TMR 配方要求，应注意以下几点：①在配合 TMR 时，尽可能减少混合的饲料种类；② TMR 的混合机最好具有称重装置，虽然它价格昂贵，但是，不可或缺；③饲料操作员要有责任心，不能存在"多 10 千克和少 10 千克都无关紧要"的思想，就某些饲料的种类或品种来说，增加或减少 10 千克就可能产生巨大的差别，如预混料、食盐和小苏打等。为此，管理者要随时进行现场监督和检查，特别要定期检查和核定库存的数量。四是不注重机械保养。机器已使用多年了，一定有问题，任何机器，包括 TMR 的混合机和搅拌车，总是要磨损的。当一台混合机已经磨损，其混合螺旋和筒壁之间的距离就会变宽，用于切割的部分也不会锐利。这样当它们工作时可能会造成许多问题，产生不合理的混合或混合不均匀，而且饲草的纤维也不易切断。混合机的使用年限，特别是其中的混合螺旋和刀具，还与所混合的粗饲料种类和质量有关，长时期混合又粗又长的禾本科干草或农作物秸秆，机具的磨损很快。为了使 TMR 的混合机更有效率地工作，也为了保证 TMR 的混合质量，应该及时检修和更新其中的混合螺旋和刀具，并对混合机附属的齿轮箱予以定期维护。

赵祥等（2012）以 5 月龄平均体重为 17.5 千克的蒙古羊去势公羊为试验羊只，分为传统育肥方式（混合饲草 + 精料 500 克／天）和 3 种精粗比的全混合饲料（混合饲草：配方精料分别为 4∶6、5∶5 和 6∶4）进行对比试验。结果发现，全混合饲料组的育肥效果均明显好于传统育肥方式。经过 60 天的育肥期,3 个 TMR 试验组的日增重分别达到 229 克、211 克和 163 克,分别比对照组提高 70.746%($P<0.01$)、68.25%($P<0.01$)和 58.90%($P<0.01$)。在 3 个 TMR 试验组中,以精粗比 5:5 组的饲料利用率和全期育肥效益最好,故推荐饲喂肥育绵羊的 TMR 中精料比例不宜超过 50%。

马春萍(2012)以平均体重为 45.14 千克的中国美利奴后备公羊(n=121 只)为试验动物。其中,试验组按苜蓿 10%、青贮 20%、棉壳 30% 和精料 40% 的比例配比,按先长后短的顺序投入 TMR 饲料搅拌机,混合均匀,每天饲喂 3 次;对照组按传统饲喂方式饲喂,每天饲喂 3 次,即苜蓿 0.3 千克、青贮 2.5 千克、棉壳 0.3 千克和精料 0.5 千克。结果表明,在冬季舍饲的细毛羊饲养中,TMR 饲喂技术对细毛羊的生长发育和羊毛生长都有促进作用。与常规饲喂对比,试验组平均月增重 5.53 千克,对照组平均月增重 3.04 千克,试验组生长发育明显高于对照组($P<0.05$);羊毛生长试验组周岁平均毛长 12.74 厘米,对照组平均 10.87 厘米,差异显著($P<0.05$),充分表明 TMR 饲养在绵羊饲养管理中的优势。

2012 年 3 月于昆明易兴恒畜牧科技有限公司养殖基地内,开展了本地蚕豆茎叶糠、外购苜蓿、自制青贮玉米、4 种精料补料的概略养分实测;4 个精补料营养水平(能量、粗蛋白、粗脂肪水平)、4 种精料原料构成(豆粕、膨化大豆、乳制品、糖、玉米蛋白粉等)、哺育及保育两个周期、3 种养殖环境(2 种温度条件全舍饲、户外代谢单笼)的饲养试验;精补料自配制;精补及干草粉或秸秆组合配制等实践工作,获得 7 个应用日粮干料专用配方和日粮方案。试验结果表明,努比亚山羊春羔 4 月龄平均体重达 25 千克,育肥期日增重达 300 克,6 月龄体重 40 千克以上,达到上市标准,按活羊市价 35 元/千克计,收入达 1400 元以上,每只羊扣除 4 元/天(料 2 元,劳务及其他 2 元)的养殖成本 720 元,获利 700 元/羊,经济效益显著。

二、山羊高床舍饲养殖技术

(一)概述

传统的养羊方式以放牧为主,分布在中高山区有放牧条件的地方,平坝地区很少养羊。随着退耕还林还草、生态建设等工程的开展,给予山羊放牧饲养的空间已越来越少,山羊生产的发展面临着挑战。四川省于 2000 年开始推广高床舍饲养羊,建立高床舍饲养羊示范户,开展人工种草和农副产品粗加工,实现舍饲养羊规模化,山羊高床舍饲养羊成了发展草食牲畜的"亮点"工程,农户养羊积极性空前高涨,各级政府也将高床舍饲养羊作为畜牧业发展的突破口。各级领导在调研考察时,对开展高床舍饲养羊和人工种草的举措给予高度评价和认可,并在四川较大的范围内推广,对山羊高床舍饲配套技术进一步深化和完善。高床舍饲养羊是在总结吸取国内外养羊先进经验的基础上提出来的舍饲养羊配套综合新技术,该技术是对我国传统养羊模式的改造和创新,是山羊养殖技术的一个重大突破,可以大幅度提高广大农区和丘陵地区养羊的经济、社会及生态效益。

山羊高床舍饲养殖的优点:一是避免了放牧损害农作物和树苗,有利于生态环境保护;二是舍饲饲养的山羊生长速度快,出栏周期短,且有利于羊舍清洁卫生,疾病发生减少,

图 5-4 高床羊舍　　　　图 5-5 羊舍运动场

羔羊成活率可达 90% 以上；三是实现了养羊无"禁区"，养羊不再受地域、草场等条件的制约，有利于扩大养殖规模；四是充分利用农作物秸秆，提高秸秆利用率，减少资源浪费。

（二）技术特点

山羊高床舍饲养殖技术是一个综合技术，包括高床羊舍修建、羊品种选择、牧草种植和饲料生产、饲养管理、疾病综合防治技术。

1. 高床羊舍修建

羊舍可建双列式羊舍（图 5-4）和单列式羊舍，羊舍长度根据饲养规模确定，一般羊舍长度可修 15～30 米，墙高 4～5 米。羊舍所需面积：每只公羊 1.5～2 平方米，每只母羊 1～2 平方米，每只肉羊 0.6～0.8 平方米，运动场面积为羊舍的 1.5～2 倍（图 5-5）。

羊床宜采用木条铺设，也可采用其他材料。木条宽 5 厘米，厚 4 厘米。木条间隙小羊 1.0～1.5 厘米，大羊 1.5～2.0 厘米。羊床离地面 0.5～0.6 米。羊床下地面的坡度为 10 度左右，后接粪尿沟。舍内地面用砖铺或水泥处理，运动场用全砖铺或半砖铺或三合土处理。

饲槽可建水泥槽或木槽，槽上宽 35 厘米，下宽 30 厘米，高 20 厘米。每个羊圈设一个饮水位。双列式羊舍人行走道宽 1.5～2.0 米，羊栏高度 1.0～1.2 米，窗户距羊床 1.2 米。

每个羊圈下面有一个出粪口，长 2 米，宽 0.7 米。羊舍后面修一条粪尿沟，宽 35 厘米，深 20 厘米，沟也要有倾斜的坡度（5 度）。在羊舍低的一端修一个粪尿池或沼气池。在羊舍四周修围墙，高度 1.5～1.8 米。

2. 羊品种选择

一是选择地方优良山羊品种如南江黄羊、成都麻羊、川中黑山羊、川南黑山羊等，引进品种有波尔山羊、努比羊；二是选择杂交种，包括两个或多个山羊品种杂交的后代，如波杂羊、黄杂羊、努杂羊等。

3. 牧草种植和饲料生产

推广优良牧草种植，品种有一年生黑麦草、高丹草、墨西哥玉米等，解决饲料问题。豆科牧草在始花期到盛花期收割为宜，禾本科牧草以抽穗期到开花期收割为宜，饲料玉米与大豆以籽实接近饱满收割为宜。青干草的晒制方法有田间干燥法和架上晒草法。为提高青干草的利用率，在饲喂羊之前，切成 3 厘米以下短段。

开展饲料加工，秸秆饲料切成 1.5～2 厘米或打成草粉拌入配合料中饲喂。玉米秸秆等也可用饲料机器进行揉搓处理方法使之成为柔软的丝状，增加羊的适口性，提高消化率。饲料青贮方式有塑料袋和青贮窖青贮。制作青贮饲料需要满足的条件：适宜的青贮原料水分含量（68%～75%），充足的含糖量（不低于鲜重 1%），厌氧环境，青贮的适宜温度（25～30℃）。制作青贮饲料的过程包括原料刈割运输、切碎、压实、封盖等。青贮窖的大小可根据青贮饲料数量来定，一般 1 立方米可青贮 500 千克。

4. 舍饲饲养管理

（1）种公羊的饲养。特点是营养全面，长期稳定，保持既不过肥也不过瘦的种用体况。据测定，山羊精子在睾丸中产生和在附睾及输精管肉移动的时间一般为 40～50 天，因此在配种前 1.5～2 个月就要增加营养物质的供应量。

饲养种公羊的注意事项有：

①在配种期提高营养水平，每天补喂混合精料 0.5～1.0 千克，同时，补喂青干草、胡萝卜、南瓜等饲料 3～5 千克和鸡蛋 1～2 个。

②给予种公羊适当的运动，提高精子的活力。如果运动不足，会产生食欲不振，消化能力差，影响精子活力。

③合理掌握配种次数，每天采精 2～3 次，连续采精 3 天，休息 1 天。

④与母羊分开饲养，并做好修蹄、圈舍消毒及环境卫生等工作。

（2）繁殖母羊的饲养。

①配种前母羊的饲养：这个时期主要保证母羊有一个良好的体况，能正常发情、排卵和受孕。营养条件的好坏是影响母羊正常发情和受孕的重要因素，因此，在配种前 1～1.5 个月就开始给予短期优饲，使母羊获得足够的蛋白质、矿物质、维生素，保持良好的体况，可以使母羊早发情、多排卵，发情整齐，产羔期集中，提高受胎率和双羔率。对营养状况差的母羊提早发情尤为重要。

②怀孕前期母羊的饲养：母羊的怀孕期为 5 个月，前 3 个月称为怀孕前期，这一时期，怀孕母羊除满足本身所需的营养物质外，还要满足胎儿生长发育所需的营养物质。因此要加强饲养管理，供应充足的营养物质，满足母体和胎儿生长发育的需要。

③怀孕后期母羊的饲养：怀孕后期即母羊临产前 2 个月。这一时期，胎儿在母体内生长发育迅速，胎儿重量的 90% 是在这一时期增长的。胎儿的骨骼、肌肉、皮肤和内脏各种器官生长越来越快，所需的营养物质多，而且质量高。应补喂含蛋白质、维生素、矿物质丰富的饲料，例如，青干草、豆饼、胡萝卜、骨粉、食盐等。以每天每只补喂混合饲料 0.25～0.5 千克为宜。

④哺乳期母羊的饲养：母羊刚生下小羊后身体虚弱，应加强喂养。补喂的饲料要营养价值高、易消化，使母羊恢复健康和有充足的乳汁，泌乳初期主要保证泌乳机能正常，细心观察和护理母羊及羔羊。对产多羔的母羊，因身体在妊娠期间负担过重，如果运动不足，腹下和乳房有时出现水肿，如营养物质供应不足，母羊就会动用体内贮存的养分，以满足产奶的需要。因此，在饲养上应供给优质青干草和混合饲料。泌乳盛期一般在产后 30～45 天在泌乳量不断上升阶段，体内贮蓄的各种养分不断减少，体重也不断减轻。在

此时期，饲养条件对泌乳机能最敏感，应该给予最优越的饲料条件，配合最好的日粮。日粮水平的高低可根据泌乳量多少而调整，泌乳后期要逐渐降低营养水平，控制混合饲料的用量。羔羊哺乳到一定时间后，母羊进入空怀期，这一时期主要做好日常饲养管理工作。

（3）羔羊的饲养。母羊产后头几天所分泌的乳汁叫初乳。初乳中含有丰富的蛋白质、维生素、矿物质、酶和免疫体等，其中，蛋白质含量 13.13%，脂肪 9.4%，维生素含量比常乳高 10～100 倍，球蛋白和白蛋白 6%，球蛋白可增进羔羊的抗病力。矿物质含量较多，尤其是镁含量丰富，具有轻泻作用，可促使羔羊的胎粪排除。所以，初生羔羊最初几天一定要保证吃足初乳。大多数初生羔羊能自行吸乳，弱羔、母性不强的母羊，需要人工辅助哺乳。训练的方法，可将母仔一起关在羊圈内生活 35 天，人工训练哺乳几次，这样既可使羔羊吃到初乳，也可增强母羊的恋羔性。对缺奶的羔羊要找保姆羊代哺或人工喂以奶粉、代乳品等。

羔羊人工哺乳的方法是一训练、二清洁和四定。

①一训练：羔羊开始不习惯在奶瓶、奶桶或奶盆中吮乳，应细致耐心地训练。用奶盆喂奶时，将温热的羊奶倒入盆内，一手用清洁的食指弯曲放入盆中，另一只手保定羔羊头部，使羔羊吮吸沾有乳汁的指头，并慢慢诱至乳液表面，使其饮到乳汁。这样经过两三次训练，多数羔羊均能适应此种喂法。但要防止羔羊暴饮或呛入气管内引起肺部疾病。

②二清洁：羔羊吮乳后，嘴周围残乳要用毛巾抹拭干净；喂乳用具与羔羊圈舍保持清洁、干燥，羊粪勤扫除，褥草勤更换。

③四定：定时，初生至 20 日龄，每天定时喂乳 4 次，20 日龄以后 2～3 次。定量，头几天每只每次 200 毫升，以后根据羔羊的体重和健康状况酌情增减。定温，乳汁温度应接近或稍高于母羊体温，以 38～42℃为适合。定质，奶汁或乳品均必须清洁、新鲜、不变质。

羔羊性情活泼爱蹦跳，应有一定的运动场，供其自由活动。在运动场内可设置草架，供羔羊采食青粗饲料。有条件的还可设置攀登台或木架，供羔羊戏耍和攀登。尤其要注意羔羊吃饱喝足后，即在运动场的墙根下，或在阴凉处睡觉，在阴凉处躺睡羔羊易患感冒，要经常赶起来运动。若发现羔羊发生异食癖，如啃墙土、吞食异物等，表明缺乏矿物质，要注意即时补充。羔羊到 2 月龄左右必须断奶，因为在放牧条件下的本地山羊的泌乳量，已经不能满足羔羊的生长发育需要。及时断奶的好处是：既可使母羊恢复体况，再进行配种繁殖，又可锻炼羔羊独立生活能力。断奶的方法，多采用一次断奶法，即将母仔断然分开，不再合群，羔羊单独组群喂养。对留种用的羔羊要编号，编号方法常用耳标法、耳缺法。耳标法分为金属耳标和塑料牌两种，目前大多数采用塑料耳标。在佩戴前用专门的书写笔写上耳号，用专门的耳号钳佩戴于羊耳上。羔羊个体编号包括场名简称、年号（2 位）、个体号（5 位）。羔羊戴耳标的时间一般在出生后 20 天左右较适宜。

（4）肉羊舍饲育肥。

①舍饲育肥的技术关键是合理配制混合饲料，采用科学的饲喂方法和管理方式。根据不同的品种和体重大小以及日增重情况，调整日粮组成和每天的饲喂量。配制日粮既要考虑日粮的营养价值又要饲养成本低，尽量选用青粗饲料，例如，青干草、青草、树叶、农作物秸秆，同时饲喂混合饲料。每天每只羊可喂优质青干草 2 千克或青粗饲料 5 千克左右，

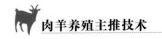

混合饲料 0.5～1.0 千克。对不同体重的羊只，应酌情增加或减少喂量。

②饲喂的顺序是先粗后精，即粗饲料—混合饲料—多汁饲料。喂混合饲料的时间，一般在早晚分两次喂，并防止羊只互相抢食。

③喂羊的饲料要清洁、新鲜，调制好的饲料应及时喂完，防止霉变，青贮饲料随取随喂。

④块根类、藤蔓及长草类饲料要切碎，以提高饲料利用率。

⑤若能将精饲料、粗饲料和微量元素添加剂加工成颗粒饲料，则育肥效果更理想。

⑥舍饲育肥应每天给羊只供应清洁的饮水；减少羊只的运动量；搞好圈舍消毒和环境卫生。

5. 疾病综合防治技术

一般在春秋两季注射羊三联四防苗、传染性胸膜肺炎疫苗和其他规定注射的疫苗。采用丙硫苯咪唑、阿维菌素等药物在春秋两季对山羊进行体内体外驱虫。羊舍及运动场经常保持清洁卫生，定期对羊舍及用具消毒。常用消毒药品有 3% 来苏尔、2% 烧碱水、30% 草木灰、10% 石灰乳等，1～2 周对羊舍进行一次消毒。

（三）成效

四川省 2000～2001 年大力开展舍饲养羊，大面积推广高床漏缝羊圈。采用木条、木板、水泥、预制栏板建设规范的羊圈。使羊群与粪尿分离，便于除粪，保持了圈舍卫生，减少了寄生虫病和其他常见病侵害，提高了羔羊成活率。同时，舍饲养羊也大大增加了养羊数量。

2011 年四川省简阳市把丹景乡建成波尔山羊与本地羊杂交利用的示范基地，建立 300 多户示范户，每户饲养大耳母羊 10 头以上，全部用波尔山羊配种。简阳市畜牧食品局补助每户示范圈舍改造及发展扶持费 200 元，统一建立规范化木制漏粪地板式羊舍。在丹景设立了 5 个人工授精配种点，凡利用波尔山羊的养羊农户都作为正东集团的联养户，项目技术组负责品种改良、圈舍改造设计、防疫治病等技术指导。正东农牧集团与示范户签订联养合同，实行产业化运作模式，正东集团以高于市场价 15%～20% 的价格收购波杂羊，并向困难户提供种羊或资金。2001 年丹景乡存栏山羊达 9346 只，出栏山羊达 15437 只，其中，波杂羊达 6418 只。

山羊舍饲技术在国内已经历了 10 年以上的发展，在南方现较为普遍，农户认识度在逐步提高，云南省现有的肉山羊养殖场绝大部分都采用高床舍饲方式。目前，至少有 30 个以上的山羊高床舍饲羊场，在高床舍饲方面集成了一整套适用技术，生产效益逐步提高，向标准化规范化方向发展的势头迅猛。

（四）案例

四川正东农牧集团近年来在舍饲养羊方面进行了探索，设计一种集约养殖用高架式垫料发酵山羊圈舍，在采用生物发酵垫层的圈舍中饲养繁育山羊，圈舍由管理通道和分置于中央通道轴线两侧的分栏圈舍，以及纵墙、横墙和舍顶组成，其特征在于，纵墙采用半截墙结构，横向墙体设有排气通道；舍顶采用透明面积不小于 3/4 的双瓦层结构；分栏圈舍设置有垫料区和高架床，分栏圈舍间由金属围网分隔，高架床；所述高架床架空在垫料区上

0.2～0.4米，床体采用栅条式结构；饲槽和饮水槽置于高架区与管理通道临近的边沿上。

四川省乐至县 2004 年饲养 10 只以上的养羊户中高床舍饲推广面达 86%。据重庆市酉阳县对 15 户高床舍饲养羊农户的调查，舍饲养羊每日饲喂 3～4 次，青草每日每只 2.5～5.0 千克，补精料 0.25～0.5 千克。舍饲养羊一年饲养规模达 30 只以上，每户平均每年可出栏 10～15 只，出栏时羯羊体重为 20～25 千克，每户平均收入达 1953 元，产羔成活率达 93.5%，羔羊死亡率仅为 6.5%，疾病感染率仅为 4.2%。同时，舍饲养羊与沼气生产相结合，可高效解决农村能源问题，改善农村生产、生活环境，促进生态良性循环。

第二节 种羊高效利用饲养管理技术

一、种公羊高效利用饲养管理技术

（一）概述

近年来，我国从国外引进较多的优良肉羊品种，例如，多赛特羊、杜泊羊、萨福克羊、德美羊、南非美利奴羊、特克赛尔羊等，在杂交改良、提高产肉性能等方面发挥了很大作用。但这些优良品种毕竟数量有限，为了充分发挥其作用，最大限度地提高优质种公羊利用率，各地采取了很多行之有效的技术措施，包括常温人工授精配种和冷冻精液配种相结合；以冬春两季配种为主、常年配种相结合；扩大配种覆盖面等。同时全面加强种公羊饲养管理，使种公羊的使用年限和作用有了明显的提高。

（二）技术特点

1. 种公羊高效利用技术措施

（1）冬、春羔两季配种。充分利用农牧交错区农区接冬羔，牧区接春羔的习惯，每年 8～12 月份进行常温人工授精。部分农区也可实行常年配种。

（2）常温与冻精相结合。每年 3～7 月份利用肉用种公羊集中饲养的休闲期，制作贮存冷冻精液。除每年在配种时使用外，还可保留一部分优良种羊的精液。

（3）扩大配种覆盖面。将肉羊的鲜精使用点选择在受配母羊品质好、数量集中、交通

图 5-6 人工授精精液检查与装箱运输

方便的地区，以饲养点为中心，向四周辐射若干输精点，辐射范围达 25 千米。

（4）提高精液利用率。以科学实验为依据（图 5-6），使精液稀释达 5～10 倍，输精量不超过 0.1 毫升，活力大于 0.3。

（5）主要精液稀释配方。

①葡萄糖—卵黄稀释液：无水葡萄糖 3 克、柠檬酸钠 1.4 克、新鲜卵黄 20 毫升、蒸馏水 100 毫升，青霉素 10 万单位。配法：将葡萄糖和柠檬酸钠溶于蒸馏水，用滤纸过滤后蒸煮 30 分钟，取出降至室温时备用；取新鲜鸡蛋 1 枚，用酒精棉球消毒外壳，打开去掉蛋清，将卵黄放到干净滤纸上，用手轻轻摇动，使蛋清全部粘在滤纸上；用针头挑破卵黄膜，把注射器插头插入卵黄内，避开卵黄系勒带、细胞核，用力吸取卵黄 20 毫升，放入冷却过的稀释液中，充分混合均匀。稀释液要当天配制当天使用。

②牛奶稀释液。脱脂牛奶 100 毫升，青霉素 10 万单位。取新鲜牛奶用多层纱布过滤，在 92℃ 水浴中煮 30 分钟，静置在井水中 20 小时以上，透过脂肪层吸取中层的脱脂乳使用。

（6）做好母羊清群，公羊调教工作。

2. 种公羊饲养管理技术

杜泊等种公羊引进后，采用舍饲饲养方式，选派专人管理，以青草、青干草、青刈饲料为主，按饲养标准补给一定量的混合精料。

采精期日粮配比：混合精料 1.0～1.4 千克，玉米青贮料 1.5 千克，胡萝卜 0.5 千克，大麦芽 0.4 千克，牛奶 0.5 千克，骨粉 17 克，盐 14 克，鸡蛋 2 枚及微量元素、多种维生素添加剂。其中混合精料配方为：玉米面 35%，豆饼 40%，麸皮 15%，小米 5%，黄米 5%。

冬季日饮水 3 次，夏季自由饮水。种羊有固定的运动场，每日除有 6 小时的自由运动时间外，还有 2 小时的驱赶运动。圈舍通风干燥，采光好。定时驱虫、药浴、修蹄、注射疫苗。

为了保证肉用种羊具有良好的种用体况，采取非配种期集中饲养的办法，种公羊上站前，技术人员进行采精调教。配种期，携带必要的精料和有地板的单间舍栏，以保证种公羊的基本使用条件。

通过精细化饲养管理，使种公羊保持良好的体况，性欲强，每日可采精 1～2 次，每次射精量在 1.5 毫升左右，密度好，活力在 0.8 以上。

（三）成效

2011 年在内蒙古乌兰察布市四子王旗查干补力格苏木山滩嘎查选择 12 只黑头杜泊种公羊，分配在 3 个配种站，每站 4 只。从 8 月 10 日开始到 10 月 10 日，采取人工授精的方式，与当地蒙古羊进行杂交，受配母羊 11000 只，两个情期受胎率达到 85% 左右，每只种羊可完成 800 只左右母羊的配种，其生产能力优良。

在白音朝克图镇白音敖包嘎查选择 20 只黑头杜泊种公羊，分配在 10 个畜群点。从 8 月 10 日开始到 10 月 10 日，与当地蒙古羊进行自然本交，共配母羊 1300 多只。每只公羊可配 65 只母羊左右。

通过以上对比可以看出，人工授精种公羊利用率明显提高。

（四）案例

乌兰察布市四子王旗由旗畜牧部门在肉羊杂交改良区向每个嘎查村派出 1 名技术人员承包蹲点，做到定人员、定地点、定指标、定任务、定质量、定报酬、定奖励的"七定"，围绕建立起的 21 处中心配种站，设立 168 个输精点，扩大配种辐射范围，增加配种数量，使每个中心配种站配种数量不得少于 5600 只，每 1～5 个牧户建立 1 个输精点，每个配种员负责 2 个以上输精点的配种工作，每个配种员配种母羊数不得少于 1000 只，通过这些技术措施，2011 年全年项目区共完成人工授精配种 7.61 万只，平均每只种公羊配种母羊数量在 1100 只以上，大大提高了优良种公羊的利用率，实现了高效利用，值得大面积推广。

二、繁殖母羊阶段性饲养管理技术

（一）概述

繁殖母羊的饲养目标是生产出数量更多、体格健壮的断奶羔羊，其经济收入可以占到一个羊场总收入的八成以上。繁殖母羊一年中要经历配种、妊娠、哺乳等多个生理阶段，每一个阶段的饲养管理效果如配种阶段的受胎率、妊娠阶段的产羔率和哺乳阶段的羔羊成活率等，都会影响到其饲养目标能否实现。因此，要想养好繁殖母羊，必须在满足常年保持良好饲养管理条件的基础上，根据其空怀期、妊娠期和泌乳期的生理特点实施有针对的阶段性饲养管理措施。

繁殖母羊分阶段饲养的优点：一是可以充分利用饲养设施设备，便于安排生产。实行人工授精繁殖技术，与自然交配相比，饲养公羊数量大为减少，节约了部分羊舍、人工和饲养成本，提高了种羊利用率和群体质量。二是提高了饲料的利用效率和养殖效益。分阶段饲养便于调整羊只的饲料配方与饲喂量，同时，通过固定饲槽饲喂提高了羊只的饲草料利用率，减少了饲草料浪费，满足了各类羊只、各阶段羊只的营养需求，保证了羊只健康、生长发育和各项生产。三是提高了产品品质。规模化分群圈舍饲养能根据羊只不同阶段的生理特点和要求实行标准化管理，提高了种羊和育肥羊的整齐度和一致性，产品质量得到保证（图 5-7、图 5-8）。

图 5-7 种公羊进行集中管理　　　　图 5-8 种公羊集中放牧饲养

（二）技术特点

1. 空怀期

即由羔羊断奶至配种受胎时段，约为 3 个月。此时要对母羊抓膘复壮，为配种妊娠贮备营养，以确保母羊有较高的受胎率和产羔率。母羊每天喂给的风干饲料应为体重 2.5%。具体措施是于配种前 1～1.5 个月把母羊的膘情调整到中等偏上。一般情况下，对于膘情过肥的要加强放牧运动；对膘情较差的要实行短期优饲，即重点补充玉米等能量饲料，则母羊能够发情整齐，排卵数增加，产羔集中。

2. 妊娠期

（1）妊娠前期：此期胎儿发育缓慢，母羊所需营养与空怀期相同，应保持良好的膘情。通常秋季配种以后牧草处于青草期或已结籽，营养丰富，母羊只靠放牧饲养即可；但若配种季节较晚，牧草已枯黄，则应给母羊补饲。管理上，要避免母羊吃霜草、霉烂饲料，避免受惊猛跑和饮用冰碴水等，以防早期隐性流产。

（2）妊娠后期：此时胎儿生长迅速，羔羊初生重的 80%～90% 在此期完成。母羊的营养要全价，若营养不足，则羔羊体小毛少、抵抗力弱、容易死亡，母羊分娩衰竭，泌乳减少；若母羊过肥，则容易出现食欲不振，反而使胎儿营养不良。因此在妊娠的最后 5～6 周，怀单羔母羊可在维持饲养基础上增加 12% 日粮，怀双羔母羊则增加 25% 日粮。在放牧饲养为主的羊群中，妊娠后期冬季放牧每天 6 小时，放牧距离不少于 8 千米；临产前 7～8 天不要到远处放牧，以免产羔时来不及回羊舍；放牧中要稳走慢赶，出入圈门和喂草料时防止拥挤造成流产。

3. 哺乳期

在现代养羊生产中，哺乳期的长短取决于饲养方案的要求，一般范围是 90～120 天。由于羔羊生后 2 个月内的营养主要靠母乳，故母羊的营养水平应以保证泌乳量多为前提。据研究，哺育乳母羊产后头 25 天喂给高于饲养标准 10%～15% 的日粮，羔羊日增重可达300 克。产双羔的母羊每天应补给精料 0.4～0.6 千克，苜蓿干草 1.0 千克；产单羔母羊则分别为 0.3～0.5 千克和 0.5 千克；两种情况下均应补给多汁饲料 1.5 千克。在管理上，要求产后 1～3 天内，不应对膘情好的母羊补饲精料，以防消化不良或发生乳房炎；要保证充足饮水和羊舍干燥清洁。当羔羊长到 2 月龄以后时，母羊泌乳力渐趋下降，羔羊已能采食大量青草和粉碎饲料，可逐渐取消对母羊的补饲，可转为完全放牧。

羔羊要适时断奶。1 年产 2 次羔的断奶可提早，发育较差和计划留种用的羔羊可适当延长断奶期。羔羊断奶前要加强饲喂。一般采取 1 次断奶法，对代哺或人工哺乳的羔羊在7 天内逐渐断奶，断奶羔羊仍留原舍饲养。母羊产后第 1 次发情一般在产后 1.0～1.5 个月，实行羔羊早期断奶，再用激素处理母羊 10 天左右，停药后注射孕马血清和促性腺激素，即可引导母羊发情排卵，及时配种受胎，提高年产胎数。

（三）成效

内蒙古鄂尔多斯市万通农牧业科技有限公司养殖场位于鄂尔多斯市达拉特旗白泥井

镇海勒素村（吉巴线95千米），占地216108平方米。饲养品种有德美、杜泊、多赛特、萨福克和小尾寒羊等。该场饲养规模大、集约化程度高、机械化作业、标准化生产，种羊和育肥羊饲养状况良好；种养有机结合循环利用、经营管理理念超前；技术集成配套、先进成熟，产学研结合，有利于先进技术和成果的转化与推广应用。在羊场整体设计、基础设施建设和配套、一流育种、测定仪器设备配套、机械化作业、种养循环、产学研结合、种羊分类和分阶段饲养管理等方面值得向全国推介。该场2011年共为周边农牧民提供优质种羊1500多只，生产育肥羊5500多只，获经济效益880万元；平均生产水平达到繁殖成活率94.5%，育肥羊出栏平均体重46.3千克。

张英杰等（2002）研究了小尾寒羊母羊在不同生理阶段适宜饲养水平。选择年龄2～2.5岁小尾寒羊繁殖母羊60只，根据试验羊的体重，结合所处的妊娠前期、妊娠后期、哺乳前期和哺乳后期等生理阶段特点，参照肉毛兼用绵羊品种饲养标准，制定高、中、低3个饲养水平，高水平组饲养水平比肉毛兼用品种高20%左右，中水平组低0%～10%，低水平组低20%左右，进行了8个月的观测记录。结果发现，高、中、低3个饲养水平的产羔率分别为275%、265%和270%，差异不显著，估计与试验羊只体况较好有关，低中水平组羊只也能够保证卵泡的发育和排卵数量以及动用自身贮存的营养保证胎儿的发育和健康；但羔羊初生重（分别为2.85千克、3.38千克和3.64千克）、3月龄断奶体重（23.56千克、25.48千克和29.54千克）和断奶成活率（92.73%、92.45%和85.19%）均差异显著，说明母羊的饲养水平的差异直接影响到母羊泌乳水平的高低。最后的结论是羊在整个繁殖期不同生理阶段体重变化得知，在妊娠前期的饲养水平应以低中水平为宜，妊娠后期饲养水平应在中等水平以上，哺乳前期应采取高水平饲养，哺乳后期可采取中等水平饲养。

（四）案例

李爱华等（2008）以滩羊母羊为研究对象，选择年龄、胎次、体重（34.36千克±4.0千克）相近的健康适龄母羊82只，分为空怀及妊娠前期（0～90天）、妊娠后期（91～150天）、泌乳前期（0～30天）和泌乳后期（31～60天）4个试验期。在代谢体重相同的条件下，依据原苏联《肉毛兼用品种绵羊饲养标准》，设计了"低—中—高—低"4种全混合日粮。结果证明，与传统的"放牧＋补饲"饲养方式相比，阶段性全舍饲饲养的母羊在产羔率（184.1%＞115.0%）、双羔率（8.5%＞3.3%）、羔羊繁殖成活率（179%＞117%）、年产羔胎次（1.78胎＞1胎）等指标上均表现出较高的繁殖性能。同时，繁殖性能的提高也增加了母羊的经济效益。据分析，试验组母羊只均收入352.82元／年，只均支出276.58元／年，每只母羊每年可获利润76.24元，而对照组的只均利润则为-38.02元，如果按照"一反一正"的算法则每只母羊经过阶段性饲养方式每年可增加利润在114元以上。该研究还表明，在放牧条件下，滩羊的繁殖性能表现为晚熟晚育，成年母羊一年一胎，每胎单羔，即使是在牧草长势较好的年份双羔率也只有1%～3%；每逢灾年时发情季节推迟，甚至不发情而空怀；而羔羊屠宰之后母羊闲养半年之久，不能充分利用。而在较高营养条件下，母羊则表现出常年发情、四季产羔的种质特性，配合早期断奶等措施可以实现一年产两胎或2年产3胎。

第三节 肉羊放牧管理技术

一、北方牧区划区轮牧技术

（一）概述

对于天然草原和人工草场的合理利用，其中划区轮牧是最有效的方法之一。划区轮牧是指在一个放牧季节内，依据生产力将放牧场划分成若干小区，每个小区放牧一定天数，依序有计划地放牧，并周而复始地循环使用。这种利用放牧场的方法是比较科学的，特别是在高产放牧场和人工草地上，其优越性更为显著。

（二）技术特点

1. 确定小区数目

小区数目与草场类型、草场生产力、轮牧周期、放牧频率、小区放牧天数、放牧季节长短、放牧牲畜数量、类型等都有密切关系，需要综合分析计算。轮牧周期长短取决于再生草再生速度，再生草高度达 8～12 厘米时可再利用。小区持续放牧天数要考虑不让牲畜吃完再生草以及蠕虫病感染的时间，一般不要超过 6 小时。

当放牧频率小时，小区数量就要增加。根据各地区放牧地条件，在草甸草原上小区数目最好为 12～14 个，干草原及半荒漠以 24～35 个为宜，荒漠因无再生草，小区数目以 33～61 个为宜。但小区设置过多，资金投入就增加，需要综合考虑。

要根据牲畜头数、放牧天数、牲畜日粮、放牧密度等决定小区面积。

2. 小区布局要考虑下述条件

（1）从任何一个小区到达饮水处和棚圈不应超过一定距离，各类家畜有其适宜距离。

（2）以河流作饮水水源时可将放牧地沿河流分成若干小区，自下游依次上溯。

（3）如放牧地开阔水源适中时，可把畜圈扎在放牧地中央，以轮牧周期为 1 个月分成 4 个区，也可划分多个小区；若放牧面积大，饮水及畜圈可分设两地，面积小时可集中一处。

（4）各轮牧小区之间应有牧道，牧道长度应缩小到最小限度，但宽度必须足够（0.3～0.5 米）。

（5）应在地段上设立轮牧小区标志或围篱，以防轮牧时造成混乱。

（三）成效

内蒙古自治区呼伦贝尔市呼伦贝尔羊种羊场是呼伦贝尔市一处规模最大的种羊场，占地 3 万多亩，为典型草原，有各类羊只 4000 多只。为合理有效利用草场，减少劳动力，降低生产成本，提高效益，采取了划区轮牧技术。

1. 总体设计建设方法

根据项目区自然条件及生产现状，暖季采用划区轮牧，冷季半舍饲。划区轮牧 2 万亩（图 5-9），分成 2 个单元，每个单元平均分为 9 个放牧小区，每小区放牧天数平均 8 ～ 9 天，放牧频率 2 次，轮牧周期 75 天，每年 6 ～ 10 月依次轮回利用，轮牧季 150 天。打机井 2 眼并配备输水管道、水箱及相关设施，合理利用地形落差，使每个小区的羊群不出小区就可以饮上清洁的水，既减少来回走动对草场的践踏，又减少了肉羊能量消耗。同时在放牧小区分散放置盐槽或盐砖，让牲畜自由舔食（图 5-9）。

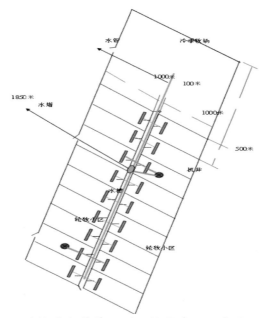

图 5-9 呼伦贝尔种羊场划区轮牧建设示意图

2. 小区放牧轮换方式

小区每年的利用时间对区内牧草有一定影响，尤其是开始利用的前 3 个小区正值牧草萌发不久，影响最大。为减少这种不良影响，各小区每年利用的时间按一定规律顺序变动，每一年从第 1 小区开始利用，每 2 年从第 7 小区利用，第 3 年从第 4 小区利用。3 年为一周期，将不良影响均匀分摊到每个小区，使其保持长期的均衡利用。

3. 采取技术措施

用采样方法测定划区轮牧各种植物的盖度、高度、密度、产量，确定了植物群落的类型和生产力。根据轮牧小区面积和产草量确定了轮牧的肉羊数、天数和轮牧周期，并在实际实施过程中逐步调整。在划区轮牧和自由放牧区内（图 5-10）设置固定围笼和活动围笼（图 5-11）。观察牧草生长、肉羊采食量、放牧前后产草量以及变化规律、留茬高度、植物再生规律和肉羊的采食率。

4. 划区轮牧草场监测及使用效果

通过在轮牧小区内设置围笼，观测小区草地植物群落可利用牧草生物量变化情况，划区轮牧比自由放牧牧草增加 13%；在划区轮牧植被检测的同时，选择羊群质量基本相同的

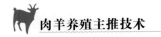

两个羊群，互为对照组，进行划区轮牧与自由放牧情况下，羊群增重情况测定和分析。将羊控制在小区内，减少了游走耗能，增重加快，划区轮牧当年羯羔羊比自由放牧同类质量的当年羯羔羊体重提高了 13.3%；采用内蒙古草勘院制定的划区轮牧技术规程和计算公式测算新增牧草产量和载畜量。通过实施划区轮牧，草场载畜率提高了 15.7%，草地覆盖度增加了 10%，降低了种羊培育成本。

（四）案例

在草原牧区或有条件的人工草地实施划区轮牧技术，可提高草地载畜量、提高牧草的品质、有利于牛羊增膘、有利于牧地的管理、可防止寄生虫病的传播。还可使草场植物种类增多，地表裸露面积减少，地表水分蒸发降低，有效地防止了草场退化、沙化，对天然草地的保护和恢复具有重要意义。内蒙古自治区呼伦贝尔市呼伦贝尔羊种羊场在天然草场划区轮牧的设计、建设和使用方面具有独到之处，成为呼伦贝尔牧区划区轮牧建设的样板，收到较好的效果，具有示范推广价值。

二、肉羊放牧补饲技术

（一）概述

肉羊放牧补饲技术是指采用放牧与补饲相结合的方法，使羊只在一定时间内获得较高的日增重，达到育肥增重和正常繁殖的目的。

放牧时，根据地形地势、牧草及季节时间等情况，随时变换放牧队形。游走要慢，采食匀，吃得饱吃得好。羊群走路靠带头羊，一群肉羊没有领头羊，放牧是困难的。羊合群性强，羊群只要有领头羊，其他羊就会尾随而行动，按牧工意图行动，放牧饲养要合理组群，依据放牧地的地形、产草量及管理条件而定。放牧肉羊要满足体内营养供给，因受季节的影响而有很大的波动性。

在放牧的基础上进行补饲，补饲的饲料种类包括粗饲料和精料。补饲干草可直接放在草架上自由采食；若补饲豆科牧草，要切碎或加工成草粉饲喂，同时还要适当搭配青贮饲料，以提高粗饲料的采食量和利用率。精料的补饲按照肉羊的生理阶段来确定饲喂量，要制定科学的饲料配方。

（二）技术特点

1. 放牧技术

（1）选择好放牧地点。根据不同天然草场的情况，确定适宜的放物牧地点和方式。天然草地大致可分为林间草地、草丛草地、灌丛草地和零星草地等。在放牧时，应尽量选择好的草地放牧，充分利用野生牧草和灌丛枝叶在夏秋季节生长茂盛的特点，做好羊只放牧育肥工作。

（2）采用划区轮牧。划区轮牧就是根据天然草场的面积和数量，将草场划分为若干小放牧区，按照一定的次序轮回放牧。划区轮牧有很多优点：一是羊只经常采食到新鲜幼嫩的牧草，适口性好，吃得饱，增重快。二是牧草和灌木得到再生的机会，提高草地的载畜量和牧草的利用率。三是减少寄生虫感染的机会。划区轮牧是预防四大蠕虫即肺丝虫、捻转胃虫、莫尼茨绦虫和肝片吸虫感染的关键措施。放牧的注意事项：跟群放牧，人不离羊，羊不离群，防止羊只丢失；防止损坏林木和践踏庄稼；防止兽害和采食有毒植物；定期驱虫、药浴，防止寄生虫病；添食矿物质营养盐砖或补喂食盐。

（3）合理组建放牧群体。将同一品种、年龄、性别的羊编入一群，也可将育成羊、老羊、妊娠羊、哺乳羊编入一群，这些羊行走慢；也可分成公羊群、母羊群、肉羊群、育成羊群。在牧区种公羊群50只左右，育成公羊群200～300只，成年母羊群200～250只，育成母羊群250～300只，羯羊群300～500只为宜。农区牧地较少，羔羊的放牧育肥应以大群为主，每群规模50～100只较适宜。

2. 补饲技术

采取放牧加补饲技术既能充分利用夏秋季节丰富的牧草，又能利用各种农副产物及部分精料，特别是在育肥后期适当补喂混合饲料，可以增加育肥效果。放牧加补饲技术既要抓好放牧工作，又要抓好补饲工作。补饲的饲料量一般每天每只可补喂混合饲料0.25～0.5千克、青绿饲料1～2千克。出栏前补饲育肥3个月，可以有效地提高屠宰前体重和产肉量。

参考配方Ⅰ：玉米20%，麦麸25%，大麦20%，菜饼10%，棉籽饼5%，草粉18%，磷酸氢钙1%，食盐1%。

参考配方Ⅱ：玉米50%，麦麸30%，豆科草粉16%，鱼粉1%，蚕蛹1%，贝壳粉1%，食盐1%。

（三）成效

四川省2001年实施的"羔羊生产增产配套技术"项目中进行了补饲技术的推广。2001年四川5个县生产羔羊274.79万只，出栏羔羊236.72万只，杂交改良配种111.90万窝，杂交改良面达69.32%，放牧补饲育肥肉羊224.05万，羔羊补饲面达84.69%，山羊驱虫面达87.60%，综合技术推广面达73.15%。6～8月龄波杂羊胴体重11.20～11.88千克，比本地羊提高3.02～7.15千克，每只羔羊只平均增收达48.32～114.40元。

（四）案例

四川省在2000～2001年通过在富顺、乐至、嘉陵、仁寿县开展放牧补饲的试验，波杂一代羊经过90天放牧补饲（每天放牧时间4～5小时，补饲配合饲料0.15千克）的育肥试验，育肥补饲的效果十分显著。波杂羊只平均增重10.96～14.01千克，平均12.59千克，日增重121.78～155.67克，平均140.17克，比本地羊分别提高69.68%、70.13%。说明杂种羊育肥补饲的效果十分显著（表5-1）。波杂一代羊补饲90天，只平均盈利39.82～75.50元，平均63.22元。本地羊只平盈利19.61～44.28元，杂种羊比本地羊只平均增加盈利31.05元（表5-2）。

肉羊养殖主推技术

表 5-1 波杂一代羔羊育肥增重效果

县名	组别	只数	试验期（天）	始重（千克）	末重（千克）	只均增重（千克）	日增重（克）
富顺	波本	30	90	11.20	24.30	13.10	145.56
	本地	30	90	7.50	16.14	8.64	96.00
乐至	波本	30	90	22.05	33.01	10.96	121.78
	本地	30	90	21.80	30.78	8.98	99.78
嘉陵	波本	30	90	19.51	31.50	12.39	137.67
	本地	30	90	12.42	18.50	6.08	67.56
仁寿	波本	8	90	14.51	28.52	14.01	155.67
	本地	8	90	14.26	20.22	5.96	66.22

表 5-2 波杂一代补饲效益分析

县名	组别	试验期只均饲料支出（元）			只均增重（千克）	只均收入（元）	只均盈利（元）	比对照组只均增收（元）
		合计	精料	青粗料				
富顺	波本	16.20	16.20	-	13.10	91.70	75.50	31.22
	本地	16.20	16.20	-	8.64	60.48	44.28	
乐至	波本	36.90	16.20	20.70	10.96	76.72	39.82	13.86
	本地	34.06	14.26	19.80	8.98	62.86	28.80	
仁寿	波本	24.30	10.80	13.50	14.01	98.07	73.77	70.49
	本地	24.30	10.80	13.50	5.96	60.27	35.97	
嘉陵	波本	22.95	16.20	6.75	12.39	86.73	63.78	44.17
	本地	22.95	16.20	6.75	6.08	42.56	19.61	

2011 年对云南半细毛羊育成羊分高、中、低 3 种营养水平（表 5-3）进行"放牧 + 补饲"饲养，并与全程放牧羊进行比较，放牧草地牧草组合为"黑麦草 + 白三叶 + 鸭茅"。结果表明：补饲高、中、低营养水平的公、母羊日增重分别为 148 克和 107 克、141 克和 105 克、115 克和 102 克，与对照组公、母羊日增重 61 克和 63 克差异极显著；且补饲后的经济效益明显高于全放牧的效益，补饲高、中、低营养水平的羊只每只分别比不补饲的羊只多收入 106.19 元、145.83 元和 179.64 元，经济效益非常显著。

表 5-3 补饲精料配方及营养水平

饲料原料（%）	体重（15～25 千克）			体重（25～40 千克）		
	低	中	高	低	中	高
玉米	42	50	52.4	50	56	50.3
大豆粕	6	18	26.5	–	7	9.6
菜籽饼	2	3	2	–	1	2
棉籽粕	1	2	5	–	1	2
玉米 DDGS	20.4	11	5	12.4	12	15
小麦麸	23	10.4	3.5	32	17.4	15.5
石粉	3	3	3	3	3	3
磷酸氢钙	1	1	1	1	1	1
食盐	0.6	0.6	0.6	0.6	0.6	0.6
预混料	1	1	1	1	1	1

第四节 羔羊补饲和育肥技术

一、羔羊早期补饲技术

（一）概述

羔羊早期补饲技术从 20 世纪 90 年代开始应用于山羊生产中，主要通过补饲部分精饲料和干草，训练羔羊采食。羔羊早期补饲技术是指羔羊在出生 14 日龄后，通过设置羔羊补饲栏或料槽为羔羊补喂饲料的一项技术。其目的在于加快羔羊早期生长速度，以刺激消化器官的发育，缩小单、双羔及多羔羊的差异，为后期育肥打好基础。同时也减少了羔羊对母羊吃奶的频率，使母羊泌乳高峰期保持较长时间。早的可以提前到羔羊 14 日龄时，一般在羔羊 21 日龄开始补料。补饲羔羊的饲料包括精饲料和粗饲料，粗饲料以优质青干草为好，用草架或吊把让羔羊自由采食；精饲料主要有玉米、豆饼、麸皮等。

（二）技术特点

1. 补饲时间

羔羊要做到早开食，以刺激消化器官的发育。羔羊生后 5～7 天，白天仍留羊舍内饲养，母羊可外出就近牧场放牧，中午回来喂奶 1 次，这样可使羔羊早、中、晚 3 次吃饱奶。若母仔过早的混群放牧，既影响母羊不能安心采食，又可能造成羔羊感冒、肚疼、腹泻。10～15 天比较健壮的羔羊可跟随母羊放牧，但要防止羔羊丢失，并训练羔羊采食青草和精料，使羔羊的胃肠机能及早得到锻炼，促进消化系统和身体的生长发育。15 日龄羔羊每天补喂混合精料和优质青干草，50 日龄以后应以青粗饲料为主，适当补喂精饲料，精饲料喂量随月龄的增长而增加。

2．选择好补饲料

根据哺乳羔羊消化生理特点及正常生长发育对营养物质的要求，选择好补饲料。补饲饲料种类包括青干草和配合饲料，配合饲料为玉米、黄豆或豌豆、食盐等粉碎的混合饲料或颗粒饲料。青干草为三叶草、燕麦草、黑麦草等。羔羊到断奶年龄后，及时断奶。

参考配方1：玉米45%，麦麸22%，豆粕30%，食盐1%，鱼粉2%。

参考配方2：碎玉米53%，豆粕（豆饼）15%，麸皮30%，食盐1%，磷酸氢钙1%。

3．补饲方法

在母羊圈舍内放置一个羔羊补饲的料槽，补饲栏内设料槽和水槽，每天将羔羊补饲料放置其中，任羔羊自由采食。羔羊在补饲栏内可采食到补饲料，在栏外能吃到母乳，满足羔羊生长发育需要，提高生长速度。15日龄羔羊每天补喂混合精料30～50克，30日龄70～100克，2～3月补喂混合精料100～200克，3～4月补喂混合精料250克以上，优质青干草自由采食。

4．精心管理

羔羊补饲要做好羊舍和用具的消毒工作，地面保持干燥，羊舍要冬暖夏凉、通风干燥，每只羔羊有0.5～1平方米的活动和歇卧面积。饮水充足清洁，认真搞好疫病防治，加强饲养管理。

（三）成效

羔羊早期补饲技术在四川省先后应用于肉用山羊"两改一防"技术、"肉用山羊生产配套技术"、优质肉用山羊生产配套技术、农业部"948"等项目的推广，取得了显著成效。

（四）案例

四川省2000～2001年在简阳市、乐至县、仁寿县、嘉陵区、富顺县5个县实施"羔羊生产增产配套技术"推广项目，为羔羊肉生产开发做出示范，探索经验，同时普及养羊科学知识，提高农民养羊技术水平，促进肉羊生产取得大面积丰收，为市场提供更多的羊肉产品。对羔羊和肉羊进行补饲（图5-10和图5-11），重点放在出栏前3个月。5个县两年羔羊早期补饲226.26万只，补饲面达84.69%。

图5-10 羔羊补料槽　　　　图5-11 羔羊补草补料

二、优质羔羊肉生产配套技术

（一）概述

优质羔羊肉生产的主体是周岁内羔羊育肥，按照断奶时间可分为羔羊早期育肥和断奶后羔羊育肥。羔羊早期的主要特点是生长发育快、脂肪沉积少、瘤胃利用精料的能力强等，故此时育肥羔羊既能获得较高屠宰率，又能得到最大的饲料报酬。但羔羊早期育肥的缺点是胴体偏小，规模上受羔羊来源限制。而羔羊断奶后肥育是羊肉生产的主要方式，因为断奶后羔羊除小部分选留到后备群外，大部分要进行出售处理。一般地讲，对体重小或体况差的羊只进行适度育肥，对体重大或体况好的进行强度育肥，均可进一步提高经济收益。此方案灵活多样，可视当地牧草状况和羔羊类型选择育肥方式，如强度育肥或一般育肥、放牧育肥或舍饲育肥。通常在入圈肥育前，先利用一个时期较好的牧草地或农田茬子地，使羔羊逐渐适应饲料转换过程，同时也可降低生产成本。

（二）技术特点

1. 羔羊早期育肥技术方案

此技术方案的实质是羔羊不提前断奶，保留原有的母子对，提高隔栏补饲水平，3月龄后挑选体重达到山羊20千克、绵羊25～27千克的羔羊出栏上市，活重达不到此标准者则留群继续饲养。其目的是利用母羊的全年繁殖，安排秋季和初冬季节产羔，供节日应时特需的羔羊肉。

（1）选羊。从羔羊群中挑选体格较大、早熟性好的公羔作为育肥羊。

（2）饲喂。以舍饲为主，母子同时加强补饲。要求母羊母性好，泌乳多，故哺乳期间每日喂足量的优质豆科干草，另加0.5千克精料。羔羊要求及早开食；每天喂2次；饲料以谷物粒料为主，搭配适量黄豆饼，配方同早期断奶羔羊；每次喂量以20分钟内吃净为宜；另给予上等苜蓿干草，由羔羊自由采食。干草质量差时，日粮中每只应添加50～100克蛋白质饲料。

（3）出栏。根据品种和育肥强度，确定出栏体重。育肥体重一旦达到要求即可出栏上市。通常在羔羊4月龄前达到要求。

2. 断奶后羔羊育肥技术方案

（1）预饲期的饲养管理。预饲期大约为15天，可分为3个阶段。每天喂料2次；每次投料量以30～45分钟内吃净为佳，不够再添，量多则要清扫；料槽位置要充足；加大喂量和变换饲料配方都应在3天内完成。断奶后羔羊运出之前应先集中，暂停给水、给草，空腹一夜后次日早晨称重运出；入舍羊只应保持安静，供足饮水，1～2天只喂一般易消化的干草；全面驱虫和预防注射。要根据羔羊的体格强弱及采食行为差异调整日粮类型。

第一阶段1～3天：只喂干草，目的是让羔羊适应新的环境。

第二阶段7～10天：从第3天起逐步用第二阶段日粮更换干草日粮，第7天换完喂到第 10 天。日粮配方为：玉米（粒）25%，干草 64%，糖蜜 5%，油饼 5%，食盐 1%，抗菌素 50 毫克。此配方含粗蛋白质 12.9%，钙 0.78%，磷 0.24%，精粗比为 36∶64。

第三阶段 10～14 天：日粮配方的精粗比可以达到为 50∶50。

（2）正式育肥期的饲养管理。预饲期于第 15 天结束后，转入正式育肥期。此期内应根据育肥计划、当地条件和增重要求，选择日粮类型，并在饲养管理上分别对待。

①精料型日粮。此类型日粮仅适于体重较大的健壮羔羊肥育用，如绵羊初重 35 千克左右，经 40～55 天的强度育肥，出栏体重达到 48～50 千克。

日粮配方为：玉米（粒）96%，蛋白质平衡剂 4%，矿物质自由采食。其中，蛋白质平衡剂的成分为上等苜蓿 62%，尿素 31%，黏固剂 4%，磷酸氢钙 3%，经粉碎均匀后制成直径 0.6 厘米的颗粒；矿物质成分为石灰石 50%，氯化钾 15%，硫酸钾 5%，微量元素盐 28%，氧四环素 50 克加预混料 454 克占 2%。矿物质中的微量元素盐成分是在日常喂盐、钙、磷之外，再加入双倍食盐量的骨粉，具体比例为食盐 32%，骨粉 65%，多种微量元素 3%。本日粮配方中，每千克风干饲料含粗蛋白质 12.5%，总消化养分 85%。

饲养管理要点：应保证羔羊每天每日食入粗饲料 45～90 克，可以单独喂给少量秸秆，也可用秸秆当垫草来满足。进圈羊只活重较大，绵羊为 35 千克左右，山羊 20 千克左右。进圈羊只休息 3～5 天注射三联疫苗，预防肠毒血症，隔 14～15 天再注射 1 次。保证饮水，并对外地购来羊只在饮水中加抗菌素，连服 5 天。在用自动饲槽时，要保持槽内饲料不出现间断，每只羔羊应占有 7～8 厘米的槽位。羔羊对饲料的适应期一般不低于 10 天。

②粗饲料型日粮。此类型可按投料方式分为普通饲槽用和自动饲槽用两种。前者把精料和粗料分开喂给，后者则是把精粗料合在一起的全日粮饲料。为减少饲料浪费，建议规模化肉羊饲养场采用自动饲槽用粗饲料型日粮，故此处仅介绍自动饲槽用日粮。

日粮用干草应以豆科牧草为主，其蛋白质含量不低于 14%。按照渐加慢换原则逐步转到肥育日粮的全喂量。每只羔羊每天喂量按 1.5 千克计算，自动饲槽内装足一天的用量，每天投料一次。要注意不能让槽内饲料流空。配制出来的日粮在成色上要一致。带穗玉米要碾碎，使羔羊难以从中挑出玉米粒为宜。

现介绍 4 个饲料配方，供生产中参考。

配方一：玉米（粒）58.75%，干草 40.00%，黄豆饼 1.25%，另加抗菌素 1.00%。此配方风干饲料中含蛋白质 11.37%，总消化养分 67.10%，钙 0.46%，磷 0.26%，精粗比为 60∶40。

配方二：全株玉米 65%，干草 20%，蛋白质补充剂 10%，糖蜜 5%。此配方中，蛋白质补充剂成分为：黄豆饼 50%，麸皮 33%，稀糖蜜 5%，尿素 3%，石灰石 3%，磷酸氢钙 5%，微量元素加食盐占 1%，每千克补充剂中另加维生素 A 33000 国际单位，维生素 D 3300 国际单位，维生素 E 330 国际单位。本日粮配方的风干饲料含蛋白质 11.12%，总消化养分 66.9%，钙 0.61%，磷 0.36%，精粗比为 67∶33。

配方三：玉米（粒）53.00%，干草 47.00%，另加抗菌素 0.75%。此配方日粮风干饲料中含蛋白质 11.29%，总消化养分 64.9%，钙 0.63%，磷 0.25%，精粗比为 53∶47。

配方四：全株玉米 58.75%，干草 28.75%，蛋白质补充剂 7.50%，糖蜜 5.00%。其中蛋白质补充剂成分同配方二。本配方风干饲料中含蛋白质 11.00%，总消化养分 64.00%，钙 6.4%，磷 0.32%，精粗比为 59∶41。

③青贮饲料型日粮。此类型以玉米青贮饲料为主，可占到日粮的 67.5% ～ 87.5%，不适用于肥育初期的羔羊和短期强度肥育羔羊，可用于育肥期在 70 ～ 80 天以上的体小羔羊。育肥羔羊开始应喂预饲期日粮 10 ～ 14 天，再转用青贮饲料型日粮。随后适当控制喂量，逐日增加 10 ～ 14 天内达到全量。严格按日粮配方比例混合均匀，尤其是石灰石不可缺少。要达到预期日增重 110 ～ 160 克，羔羊每日进食量不能低于 2.30 千克。

现介绍两个配方，供参考。

配方一：碎玉米（粒）27%，青贮玉米 67.5%，黄豆饼 5.0%，石灰石 0.5%，维生素 A 和维生素 D 分别为 1100 国际单位和 110 国际单位，抗生素 11 毫克。此配方中，风干饲料含蛋白质 11.31%，总消化养分 70.9%，钙 0.47%，磷 0.29%，精粗比为 67 : 33。

配方二：碎玉米（粒）8.75%，青贮玉米 87.5%，蛋白质补充剂 3.5%，石灰石 0.25%，维生素 A 和维生素 D 分别为 825 国际单位和 83 国际单位，抗菌素 11 毫克。此配方风干饲料中含蛋白质 11.31%，总消化养分 63.0%，钙 0.45%，磷 0.21%，精粗比为 33 : 67。

（三）成效

羔羊肉是指 1 岁以下的羊生产的羊肉，羔羊肉的膻味小，肉质细嫩，瘦肉和脂肪的比例适当，是国际市场上的高档羊肉。美国、英国上市的羊肉中羔羊肉占 90%；澳大利亚、法国等羔羊肉产量占羊肉总产量的 70%；新西兰羔羊肉占羊肉总产量的 80%，其中，90% 以上的羔羊肉供出口；而当前我国一些农户只看牲畜数量，没有加快周转和加快出栏的意识，羔羊肉的供应仅为 4% ～ 6%。而国际市场上羊肉的供应尤其是以优质羔羊肉的供应处于供不应求的状态。

因此应该利用羔羊生长发育快和饲料报酬高的特点，积极推广周岁羔羊屠宰，重点抓好建设一批大型羊产品加工企业，积极推行集中屠宰，使羔羊数达到 60% 以上，同时，借鉴世界羊肉主产国的羔羊肉生产技术标准和开展符合国情的我国羔羊肉生产技术研究，提高加工企业的技术改造和技术创新能力，生产出优质的羔羊肉（图 5-12）。

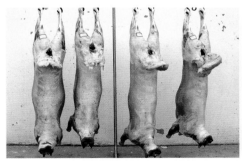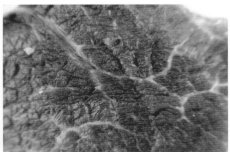

图 5-12 育肥羔羊胴体及背最长肌肌间脂肪分布

（四）案例

山东省利津县盐窝镇 1997 年建成了以羔羊育肥和屠宰加工为主体的黄河三角洲畜产品大市场，占地 250 亩，常年存栏 45 万只，年出栏屠宰羊 140 万只。架子羊主要来源地为：吉林省白城市和四平市、黑龙江省齐齐哈尔市、内蒙古自治区扎兰屯市、新疆维吾尔自治区察布查尔锡伯自治县，出栏体重可达 50 千克以上，屠宰率平均为 50%，每只羊纯利润为 70 元。所采用的日粮配方为：全价料 0.25 千克，预混料 0.1 千克，浓缩料 0.2 千克，豆腐渣 1.5 千克，酒糟 0.5 千克，玉米 0.5 千克，棉粕 0.2 千克。年销售收入达到 15 亿元，产品远销全国 17 个省市，所产肉卷、肉片除常年供应北京、天津、唐山、大连等城市外，现已在江苏、浙江、福建、广东等南方城市站稳了脚跟。

江喜春等（2012）基于羊的 TMR 饲喂技术，从营养供给角度，合理、充分地利用本地丰富的青贮玉米秸和青贮苹果渣作为粗饲料原料，就地取材，按照羊的营养需要量及 TMR 模式，科学设计 3 种不同类型粗饲料的 TMR 配方，对体重 15～16 千克的断奶湖羊羔羊开展了短期育肥试验。试验羊只以各组为单位分舍饲养，分别饲喂规定的 TMR 饲粮，日喂 3 次，自由饮水。每日 6：00～7：00 饲喂，中午饮水，13：00～14：00 饲喂，20：00～21：00 饲喂。每日早晨喂完后将中午的全混合日粮按原料比例配好，以备中午饲喂，以此类推。结果表明：添加青贮玉米秸与青贮苹果渣组合的全混合日粮对湖羊羔羊短期育肥的效果最好，试验期的采食量、日增重及经济效益均最佳，其中平均日采食量达 1.75 千克／只，50 天短期育肥平均每只羊日增重 202.3 克，纯收入达 127.03 元／只。

钱勇等（2011）配制不同精粗比的全混合日粮，对波尔山羊与徐淮山羊杂交羔羊进行短期育肥试验（图 5-12）。结果表明，精粗比为 60：40 的全混合日粮组对波杂羔羊短期育肥的效果优于精粗比为 50：50 和 40：60 的日粮组，育肥羔羊的采食量和日增重得到显著的提高，并表现出较高的经济效益，30 天短期育肥日增重达到 180.92 克，平均每只纯收入达到 37.10 元。

第五节　无公害肉羊养殖技术

（一）概述

无公害畜产品是指产地环境、生产过程和产品质量符合国家有关标准和规范的要求，经认证合格获得认证证书并允许使用无公害农产品标志的未经加工或者初加工的食用畜产品。其特点在于：产地必须具备良好的生态环境；对产品实行全程质量控制；生产过程中必须科学合理地施用限定的兽药、药物饲料添加剂，禁止使用对人体、环境造成危害的化学物质；食品中微生物和有毒有害物质含量必须在国家法律、法规以及国家或有关行业标准规定的安全允许范围内；对产地和产品实行认证管理。

我国无公害农产品的产生和发展始于 20 世纪 90 年代后期，为了防止因农业生产滥用农药造成的公害与"农残"、不合理使用兽药引起的"药残"，全面提高我国农产品质量安全水平和市场竞争力，为了解决农产品质量安全问题，农业部于 2001 年 4 月启动了"无公害食品行动计划"。该计划以全面提高我国农产品质量安全水平为核心，以农产品质量标准体系和卫生质量监测检验体系的建设为基础，通过对农产品实施"从农田到餐桌"全过程的质量安全监控，以逐步实现我国主要农产品的无公害生产、加工和消费。

我国是养羊大国，养羊数量和羊肉产量居世界第一，而且羊肉消费呈逐年增加趋势。但肉羊产品安全问题也十分严重，疫病和"瘦肉精"等非法添加物的问题时有发生，因此推进肉羊养殖标准化，保证大众消费安全，是肉羊产业持续、快速、健康发展的重要保证。

无公害肉羊生产技术包括环境、引种、饲养、防疫、废弃物处理等各个方面实施科学化管理，通过优良养殖环境和设施，引进优质品种，选用优质饲料，减少兽药使用，杜绝添加使用违禁物等，提高家畜产品质量安全水平，增强市场竞争力，极大地提高养羊业的经济效益。

（二）技术特点

1. 羊场环境

（1）羊场应选建在地势较高、南坡向阳、排水良好和通风干燥的地方。切忌在低洼涝地、山洪水道、冬季风口处建场。距离生活饮用水源地、居民区和主要交通干线、其他畜禽养殖场及畜禽屠宰加工、交易场所500米以上。交通与通讯要便利，保

图5-13 羊场环境

证能源供应充足和必要的通讯条件。水源稳定，水质良好。电力供应充足（图5-13）。

（2）场区分区要合理。场区与外界隔离，牧区牧场边界清晰，有隔离设施。场区内要分为生活管理区、生产区、草料加工区和隔离观察区4部分，并由低矮灌丛或矮墙以及净道、污道隔离开。生活管理区应安排在地势较高的上风头处；生产区的羊舍朝向应有利于冬季采光或夏季遮阴；隔离区一般位于地势较低的下风头处，是场内污道的走向（图5-14）。

（3）配套设施。羊场要根据环境条件、生产要求建设羊舍及运动场，羊舍可采用密闭式、半开放式、开放式羊，简易羊舍或棚圈。在羊舍和运动场设有料槽、水槽等设施。

设有粪尿污水处理设施，粪便、病害肉尸及其产品必须进行无害化处理。饲养场设有

羊场分区

母羊舍

2月龄羊舍

周岁羊舍

图5-14 场区分区

与生产相适应的消毒设施、更衣室、兽医室、资料室、药房等，并配备工作所需的仪器设备。

有与养殖规模相适应的饲料贮存设施及设备，如青贮窖、干草棚、贮草棚或封闭的贮草场地，并有相应的饲料处理设备。

（4）羊舍空气质量及水质。羊舍空气要新鲜，及时清除粪便或及时垫草，把有害气体降到最低限度，绿化、美化环境，净化空气。

饮用水质总的要求是有丰富的、可利用的洁净水质的水源，水质标准必须达到如表5-4要求。

（5）环境卫生与消毒。为确保场内和周边地区的卫生和羊体健康，必须建立消毒制度。消毒药物选择高效，对人、畜、环境安全无残留毒性，对设施无破坏性的消毒剂。在消毒方法上可采用喷雾消毒、浸渍消毒、紫外线消毒、清洗消毒等。

羊场大门、羊舍门口分别设置消毒池。大门消毒池长度为运输车辆轮胎周长的2倍。羊场和羊舍内应配备清洗消毒设施。羊舍周围每周撒生石灰1次，污水池、粪尿池和排出管道每日用百毒杀、菌毒灭或漂白粉消毒1次。消毒池内可用石灰水或抗毒威、氯毒杀等。定期对食槽、草架、饮水池进行清洗，可用0.01%～0.02%高锰酸钾或0.2%～0.5%过氧乙酸消毒，金属制品可用新洁尔灭进行定期或不定期消毒。

进出车辆和人员应严格消毒。

2．饲养品种

饲养的品种要为优良品种，最好自繁自养。需要引进品种时，不得从疫区购羊。购入的羊只应有动物卫生检疫监督部门出具的检疫合格证，并在隔离场（舍）隔离40天以上，经兽医检查确定为健康合格后，方可转入场内。饲养规模要达到出栏180只以上。

表5-4　无公害肉羊饮用水质标准

指标	项目	标准值
感官性状及一般化学指标	色	≤30度
	浑浊度	≤20度
	臭和味	不得有异臭异味
	总硬度（以$CaCO_3$计）（mg/L）	≤1500
	pH值	5.5～9.0
	溶解性总固体（mg/L）	≤4000
	硫酸盐（SO_2^4计）（mg/L）	≤50
细菌学指标	总大肠菌群（MPN／100ml）	10
毒理学指标	氟化物（以F^-计）（mg/L）	≤2.0
	氰化物（mg/L）	≤0.2
	砷（mg/L）	≤0.2
	汞（mg/L）	≤0.01
	铅（mg/L）	≤0.10
	铬（mg/L）	≤0.10
	镉（mg/L）	≤0.05
	硝酸盐（以N计）（mg/L）	≤10.0

3. 投入品管理

（1）饲草饲料。有无污染无毒的草地、杂草、优质牧草和农作物秸秆饲料、栽培饲料以及可供羊食用的其他饲料。使用的饲料原粮和饲料产品应来源于无疫病地区，无霉烂变质、无有害杂质，未受农药或某些病原体污染，所用的工业副产品饲料应来自无公害的副产品。

为防治人工种植牧草和作物饲料病虫害，需要使用农药的必须符合高效、低毒、无残留的农药，最好使用生物防治技术。

（2）饲料添加剂。不使用未取得产品进口许可证的境外饲料和添加剂。严禁在饲料中使用未经国家有关部门批准或禁止使用的药物或饲料添加剂。

（3）兽药及兽药添加剂。肉羊饲养和疾病预防、治疗时，务必时刻了解掌握慎重使用的兽药、禁止使用的兽药和严格执行休药期。

图 5-15 内检员证

慎重使用的兽药：经农业部批准的作用于神经系统、循环系统、呼吸系统、泌尿系统等的拟肾上腺素药、抗（拟）胆碱药、平喘药、肾上腺皮质激素类药和解热镇痛药。

禁止使用的兽药：禁止使用有致畸、致癌和致突变的兽药；禁止在饲料及饲料产品中添加未经农业部批准的《饲料药物添加剂使用规范》以外的兽药品种；禁止使用未经国家畜牧兽医行政管理部门批准或淘汰的兽药；禁止使用未经国家畜牧兽医行政管理部门批准的用基因工程方法生产的兽药；人用药品不得随意作兽药使用。

4. 生产管理

（1）人员管理。养殖场要配有经培训合格的无公害农产品内检员，负责企业内部无公害生产组织和内部检查工作。羊场工作人员应定期体检，有传染病者不得从事饲养工作。所有人员进入生产区要经过洗澡、更衣、紫外线消毒。工作人员不得相互串舍（图5-15）。

（2）饲养管理。根据不同生理阶段实行分群饲养，尽可能实施全进全出工艺。

（3）消毒防疫。良好的卫生是无公害肉羊生产的重要保障，适宜的消毒药品选用和消毒方法可以降低疾病发生，减少药物使用，进而保障畜产品安全。

（4）卫生管理。场内废弃物处理实行减量化、无害化和资源化原则，经常保持场区环境整洁卫生。选择合适方法定期灭鼠、灭蚊和驱虫工作，对杀灭物进行无害化处理。病死羊只要按照《畜禽病害肉尸及其产品无害化处理规程》（GB 16548）的要求处理，不应出售或自食病死羊只，也不能饲喂其他动物。经常打扫圈舍，清理粪便，将粪污堆积发酵后用作肥料。

（5）免疫接种。结合当地实际情况，制订免疫接种计划。选用符合《中华人民共和国兽用生物制品质量标准》要求的疫苗，做好免疫工作。

（6）做好驱虫。定期进行驱虫，主要是肝片吸虫、螨虫等主要寄生虫的驱除。

（7）疫病监测。企业委托当地县级或以上动物卫生监督部门定期和不定期监测，并出具记录或报告。

(8) 出栏管理。羊只出栏时,应请当地动物卫生检疫监督部门对羊只进行产地检疫出具检疫合格证和无疫区证明;运输车辆运输前后都要进行消毒,并开具运输车辆消毒合格证。运输途中,不在疫区、城镇、集市和工业污染区停留、饮水和饲喂。

(9) 档案记录。无公害畜产品生产要求从引种开始,到饲草饲料、兽药采购、使用、技术应用、消毒、疾病诊断治疗、废弃物处理各个方面必须有翔实的档案记录,以便发现问题查找原因和分析。档案应长期保存,最少保留3年。

5. 认证程序

从事肉羊养殖者申请无公害肉羊认证,可以直接向所在县级农产品质量安全工作机构(简称"工作机构")提出无公害农产品产地认定和产品认证一体化申请,并提交以下材料:《无公害农产品产地认定与产品认证(复查换证)申请书》;国家法律法规规定申请者必须具备的资质证明文件(复印件);无公害农产品生产质量控制措施;无公害农产品生产操作规程;符合规定要求的《产地环境检验报告》和《产地环境现状评价报告》或者符合无公害农产品产地要求的《产地环境调查报告》;符合规定要求的《产品检验报告》;规定提交的其他相应材料。

县级工作机构自收到申请之日起10个工作日内,负责完成对申请人申请材料的形式审查。符合要求的,在《无公害农产品产地认定与产品认证报告》(以下简称《认证报告》)签署推荐意见,连同申请材料报送地级工作机构审查。

地级工作机构自收到申请材料、县级工作机构推荐意见之日起15个工作日内,对全套申请材料进行符合性审查,符合要求的,在《认证报告》上签署审查意见报送省级工作机构。

省级工作机构自收到申请材料及县、地两级工作机构推荐、审查意见之日起20个工作日内,组织或者委托地县两级有资质的检查员按照《无公害农产品认证现场检查工作程序》进行现场检查,完成对整个认证申请的初审,并在《认证报告》上提出初审意见。

通过初审的,报请省级农业行政主管部门颁发《无公害农产品产地认定证书》,同时将申请材料、《认证报告》和《无公害农产品产地认定与产品认证现场检查报告》报送部直各业务对口分中心复审。

农业部农产品质量安全中心审核颁发《无公害农产品证书》前,申请人应当获得《无公害农产品产地认定证书》或者省级工作机构出具的产地认定证明(图5-16)。

图5-16 无公害农产品证书

(三)案例与成效

吉林省畜牧总站从2006年开始推广无公害养羊技术。广泛宣传无公害产品生产技术规范、产地认定和产品认证规程,提高广大养殖户和企业对无公害畜产品认证工作的认识,加强指导。组织技术人员对申报认证企业做好认证前指导，帮助企业完善防疫、消毒、污物无害化处理等设施，建立生产管理各项制度、饲养规程和生产记录，规范标准化生产行为，强化监督。确保申报企业管理制度齐全、饲养操作规程齐全、生产记录完整；防疫设施、消毒设施、废弃物无害化处理设施齐备；内检员培训合格、现场验收合格、环境评价合格、水质测定合格、产品检验合格。

通过努力，已使 11 家羊场达到无公害产品生产标准，通过无公害产地认定和无公害产品认证，共养殖肉羊 20.2 万只，年产羊肉 2017 吨，其中一家养殖场被国家命名为标准化养殖示范场。使生产的羊肉产品质量得到保证，打入上海、北京等大城市。

第六节　肉羊信息化管理技术

一、肉羊生产信息管理技术

（一）概述

以计算机为基础的羊场管理信息系统（Management Information System，简称 MIS）是一个由人和计算机组成的综合性系统，以羊场规范化的管理系统为依托和为其服务为最终目的，通过对羊场信息的收集、传输、处理和分析，能够辅助各级管理人员的决策活动，是提高羊场管理质量和效率的重要途径之一。

羊场采用先进、适用、有效的羊场管理体制，将其运用于羊场管理的各个环节和层次，不仅可以改善羊场的经营环境，降低经营生产成本。管理的规范化程度、严谨程度直接影响到信息管理时的费用大小、质量高低。肉羊养殖羊场管理信息系统构建规范化管理可以使羊场领导层的生产、经营决策依据充分，更具科学性，更好地把握商机，创造更多的发展机会；还可以有利于羊场科学化、合理化、制度化、规范化的管理，使羊场的管理水平跨上新台阶，为羊场持续、健康、稳定的发展打下基础。

（二）技术特点

1. 肉羊养殖企业信息系统划分的原则

在集约化的生产条件下，为适应快速变化的市场需求，推行以周为时间单位的生产运转信息的汇总分析，清醒地了解当前现状的水平和发展趋势，找出影响完成各项计划的主要问题。系统划分的目的是为了把一个大的系统分成若干部分，便于分块管理。为此，要遵循以下原则：子系统具有相对的独立性，子系统之间的接口简单，明确；子系统的设置应是动态的，便于维护、调试。

按照不同的方式进行分类，如按照管理职能可分生产信息、财务信息、供应信息等；按照管理阶段可分计划信息、报告信息、核算信息等；按照管理级别分总场信息、分场信息和羊舍信息等。

2．肉羊养殖企业信息分析

在对羊场信息来源、种类、传输方式和处理方式等的全面调查时，首先是羊场的组织机构，这些机构主要包括场办、生产部、供销部和技术部。场办主要是辅助场长处理总场各方面的日常事务，负责各部门的财务往来及总场与下属各单位的财务周转，制定财务计划、投资回收期及财务分析。生产部负责全场生产的组织和协调，包括生产计划的制定、实施及生产分析；负责生产试验、实施、制定操作规程、员工的业务考评等。技术部负责羊只育肥、繁殖等技术；总务部门负责与员工日常生活有关的工作，资料的保管等。供销部负责饲料饲草供应计划制定、库存管理、销售管理等。总之，这些机构分工协作、共同完成一系列的生产技术活动以及经济活动。

3．肉羊养殖企业信息管理的功能

（1）羊只生产信息的功能。生产和育种数据的采集功能：采集生产过程中种羊配种、配种受胎情况检查、种羊分娩、断奶数据；生长羊转群、销售、购买、死亡、淘汰和生产饲料使用数据；种羊、肉羊的免疫情况；种羊育种测定数据等实际羊场在生产和育种过程中发生的数据信息。

（2）生产统计分析功能：根据生产数据统计并分析羊场生产情况，提供任意时间段统计分析和生产指导信息。如①生产单录入、修改，调用饲料配方，录入当天生产的产品的数量，并根据配方的原料种类和数据动态减去库存原料，并相应增加成品库数量，核算产品成本；②生产记录明细查询：可查询某一段日期的生产记录明细；③记录汇总查询：可查询某一段日期的生产记录汇总情况。

（3）生产计划管理功能：根据羊群生产性能制定短期和长期的生产、销售、消耗计划，并进行实际生产的监督分析。

（4）生产成本分析功能：按实际生产的消耗、销售、存栏、产出情况，系统提供羊只分群核算的基本成本分析数据，并帮助用户解决降低成本获得最大效益的问题。

（5）育种数据的分析功能：根据实际育种测定数据和生产数据，结合育种情况分析繁殖率、怀孕率、配种能力等。

（6）系统自维护功能：为了保证生产与育种数据的安全，系统提供数据自压缩保存与恢复功能。为了方便网络用户的使用，系统应该提供远程网、虚拟网络数据传输功能、系统还应提供详细的随时随地的、图文并茂的系统帮助。

（7）供销信息系统的功能。市场研究情况报告：主要收集关于客户及潜在客户的数据。数据来源的收集方法主要依靠市场调研。

供销情报情况报告：收集关于竞争者的信息、政府对畜牧业结构调整的信息。供销分析信息报告：羊只销售数量和价格的信息、预测羊只价格的分析报告、羊只销售的渠道信息、羊只销售的广告媒体和广告费用信息。

（8）肉羊养殖企业信息模块的设计。模块设计是系统设计的重要步骤。它是系统划分为若干子系统的基础上，进一步将子系统划分为若干模块。模块表示的是处理功能，通过输入一定信息，它能对之进行加工处理。然后输出信息。信息管理系统分为上层模块（其功能较笼统、抽象）、下层模块（其功能较具体且简单）。

（9）系统的输出：肉羊场 MIS 的输出主要是各种生产性能的统计报表等。

（三）案例与成效

东北农业大学农学院硕士张超峰使用 Visual Basic6.0 程式语言，开发出羊场信息管理系统。该系统作业记录主要包括羊群管理、羊群繁育管理、胚胎移植、疾病与防治、报表、学习与欣赏、羊场管理和系统 8 个模块。其中，羊群管理模块可进行羊只个体资料如换场、称重、体尺测量、淘汰等信息的管理；羊群繁育模块可进行发情配种、妊娠诊断、种羊个体资料、种羊系谱、种公羊采精及精液作用等信息管理；胚胎移植模块可进行受体资料、供体资料、移植管理、手术时间等信息管理；疾病与防疫模块可进行疾病诊治、检疫免疫、羊舍消毒和兽药使用等信息管理；羊场管理模块可进行羊场事务管理、羊舍管理和人员管理等信息管理。该系统按照羊场管理的实际需求，合理规划羊场管理流程，能满足大中小型羊场管理需要。

二、优质羊肉生产溯源技术

（一）概述

近十多年来，世界范围内的动物疫情不断爆发及食品安全事故频发，给人们的身心健康带来严重威胁，沉重打击了消费者对畜产品的信心。畜产品的质量安全问题，引起了社会各界的高度重视。建立农产品可追溯制度是世界农业发展的必然趋势，它已成为当今世界农业发展的一个重要方向。发达国家通过几十年的努力，在农产品生产管理中引入了工业生产的理念，建立了农产品生产流程可追溯制度，不仅解决了农产品生产、加工、运输、储存、销售等各个环节中质量难以控制、信息不对称等问题，而且也为保护本国农产品市场设置了重要的技术壁垒。建立农产品质量安全可追溯制度已成为当今世界各国的普遍要求，同时也已成为世界各主要农产品出口国所面临的共同问题。

随着国内人们生活水平的提高和膳食观念的转变，食用高营养、低脂肪、绿色肉食品已经成为潮流，人们对羊肉的消费逐渐增大，这给羊肉产业的发展带来巨大的国内消费市场。目前，国内羊肉生产仍以传统方式为主，繁育、饲养、迁徙、防疫、屠宰加工、销售等环节缺乏完整的信息，难以达到安全、优质、高效与可持续化的要求。面对国内外广阔的羊肉市场需求，以及为消费者和监督部门提供产品质量安全信息的目标，设计、研发羊肉产品全程质量溯源系统成为政府、企业和科研机关迫切要解决的问题。这将为今后肉羊养殖、屠宰加工的规范化和管理过程的信息化、质量溯源和质量监控、绿色食品基地的建设等将产生巨大的影响和推动作用。

（二）技术特点

1. 无线射频识别技术

无线射频识别技术（Radio Frequency Identification，简称 RFID）为非接触式的自动识别技术，它利用无线射频信号的空间耦合（电磁感应或电磁传播）的特性，实现对被识别对象的自动识别。RFID 的特点是利用无线电波来传送识别信息，不受空间的限制。RFID 系统基本工作方法是将 RFID 标签安装在被识别对象上，当被标识对象进入 RFID 读写器的读取范围时，标签和读写器之间建立起无线方式的通信链路，标签向读写器发送自身信息，读写器接收信息后进行解码，然后传送给计算机处理，从而完成整个信息处理过程。

射频卡可以按不同的依据进行分类，主要有以下几种分类。

（1）按载波频率分为低频射频卡、中频射频卡和高频射频卡。低频系统主要用于短距离、低成本的应用中，如多数的门禁控制、校园卡、货物跟踪等；中频系统用于门禁控制和需传送大量数据的应用系统；高频系统应用于需要较长的读写距离和高读写速度的场合，其天线波束方向较窄且价格较高，在火车监控、高速公路收费等系统中应用。肉羊生产溯源管理系统可使用 915MHz 高频动物识别标签。

（2）按 RFID 系统能量供应方式的不同可分为有源卡和无源卡。无源卡内无电池，利用波束供电技术将接收到的射频能量转化为直流电源为卡内电路供电，其作用距离相对有源卡短，但体积小、价格低、寿命长且对工作环境要求不高；有源卡是指卡内有电池提供电源，其作用距离较远，但寿命有限、体积较大、成本高，且不适合在恶劣环境下工作。

（3）按调制方式的不同可分为主动式和被动式。主动式射频卡用自身的射频能量主动将数据发送给读写器；被动式射频卡使用调制散射方式发射数据，它必须利用读写器的载波来调制自己的信号，此类技术适合用于门禁或交通应用中，因为读写器可确保只激活一定范围之内的射频卡。

（4）按作用距离可分为超短近程标签（作用距离小于 10 厘米）、近程标签（作用距离 10～100 厘米）和远程标签（作用距离从 1 米到 10 米，甚至更远）。

2. 条形码技术

条形码技术最早出现于 20 世纪 40 年代的美国，20 世纪 70 年代开始广泛被应用。它是在信息技术基础之上发展起来的一门集编码、印刷、识别、数据采集与处理于一体的综合性技术。条形码是由一组按一定编码规则排列的条、空格符，由宽度不同、反射率不同的条和空，用以表示一定的字符、数字及符号组成的信息。条形码系统由条码符号设计、制作和条形码识读器组成。其基本工作方法是由条形码识读器先扫描条形码，它通过识别条形码的起始、终止字符来判断出条形码符号的码制及扫描方向，通过测量脉冲数字电信号 0、1 的数目来判别出条和空的数目，通过测量 0、1 信号持续的时间来判别条和空的宽度。这样就得到了正待辨读的条形码符号的条和空的数目及相应的宽度和所用的码制。然后根据码制所对应的编码规则，便可将条形码符号转换成相应的数字、字符信息，通过接口电路送给计算机系统进行处理与管理，便完成了条形码辨读的过程。

（1）一维条码技术。我国所推行的 128 码是 EAN-128 码，它是根据 EAN/UCC-128 定义标准将信息转变成条码符号，应用标识条码由应用标识符和后面的数据两部分组成，每个应用标识符由 2 位到 4 位数字组成。条码应用标识的数据长度取决于应用标识符的内容。条码应用标识采用 EAN/UCC-128 码表示，并且一个条码符号可表示多个条码应用标识。EAN/UCC-128 条码由双字符起始符号、数据符、校验符、终止符及左、右侧空白区域组成，它是一种连续型、非定长条码，能较多地标识贸易单元需要表示的内容。

（2）二维条码技术。一维条码只能在单一方向上承载信息，信息容量非常有限约为30个字符，只能对"物品"进行标识，而不能实现对"物品"的描述。二维条形码是在一维条码的基础上，为解决其不足在20世纪80年代末发展起来的。它用某种特定的几何图形按一定规律在平面（二维方向上）分布的黑白相间的图形记录数据符号信息的。二维条形码能够在横向、纵向两个方位同时表达信息，因此在很小的面积内能表达大量的内容。二维条码可以分为堆叠式二维条码和矩阵式二维条码，堆叠式二维条码形态上是由多行短截的一维条码堆叠而成的；矩阵式二维条码以矩阵的形式组成，在矩阵相应元素位置上用"点"表示二进制"1"，用"空"表示二进制"0"，由"点"和"空"的排列组成代码。

堆叠式二维条码（也叫堆积式二维条码或层排式二维条码）：其编码原理建立在一维条码基础之上，按需要堆积成二行或者多行。它在编码设计、校验原理、识读方式等方面继承了一维条码的一些特点，识读设备与条码印刷与一维条码技术兼容，但由于行数的增加，需要对行进行判定，其译码算法与软件与一维条码也不完全相同。比较有代表性的行排式二维条码有：Code16K、Code 49、PDF417 等等。

矩阵式二维条码（也叫棋盘式二维条码）：它是在一个矩形空间通过黑、白像素在矩阵中的不同分布进行编码。在矩阵相应元素位置上，用点（方点、圆点或其他形状）的出现表示二进制"1"，点的不出现表示二进制的"0"。点的不同排列组合确定了矩阵式二维条码所代表的意义。矩阵式二维条码是建立在计算机图像处理技术、组合编码原理等基础上的一种新型图形符号自动识读处理码制。比较有代表性的矩阵式二维条码有：MaxiCode、QRCode、DataMatrix 等。

二维条形码具有信息容量大、安全性高、读取率高、错误纠错能力强等优点，自诞生之时起就得到了世界上很多国家的关注。美国、德国、日本等不仅将其应用于公安、外交、军事等部门，而且也将其用于海关、税务、商业、交通运输等部门。我国对二维条形码的研究始于1993年，目前条形码技术已在汽车行业自动化生产线、医疗急救服务卡、高速公路收费管理及银行汇票上得到了应用。汉信码的研发成功，实现了我国自主知识产权二维条形码标准零的突破。二维条形码与其他技术的相互融合渗透使二维条形码技术向更深更广的领域发展。二维条形码不仅信息容量大、安全性高、读取率高、错误纠错能力强，而且可以脱离对数据库和通信网络的依赖，真正的实现条码与信息之间的直接映射关系。它可以方便的对物品进行追溯，非常适合工作人员的现场作业，因此在对物品的追溯上采用二维条形码。

3. 数据同步技术

手持设备后台使用的数据库为嵌入式数据库，这种数据库一般采用某种数据复制模式（上传、下载或混合方式）与服务器数据库进行映射，满足人们在任意地点、任意时刻访问任意数据的需求。由于存在数据复制，则在系统中各个应用前端和后端服务器之间可能需要各种必要的同步控制过程，甚至某些或全部应用前端、中间也要进行数据同步。目前在 SQL Server CE 常用的数据同步技术为合并复制（Merge Replication）和远程数据访问（RDA）。

（1）远程数据访问：使用 SQL Server CE 数据库引擎、SQL Server CE 客户代理和

SQL Server CE 服务器端代理并利用 IIS 进行通信, 如图 2-2 所示。

(2) 合并复制: SQL Server CE 中的合并复制基于 SQL Server 2000 和 SQL Server 2005 的合并复制 (Merge Replication)。合并复制使用 SQL Server CE 数据库引擎、SQL Server CE 客户端代理、SQL Server CE 服务器端代理和 SQL Server CE 复制提供者 (SQL Server CE Replication Provider) 并利用 IIS 进行通信。

(三) 案例与成效

新疆绿翔牧业公司于 2009 年 2 月在国内率先启动羊产品质量追溯体系建设项目。通过对畜牧业现状进行摸底调查和分析研究, 确立追溯体系建设的单位、养殖户、数量等。按照 "龙头 + 基地 + 农户" 的运行模式, 以品牌整合分散资源, 分别在 9 个团场建立羊养殖基地和信息采集点, 强化各项追溯管理制度的落实; 采取信息化管理等措施, 监控产品各环节质量, 对基地的羊只从养殖到销售等环节进行全程质量控制管理。2009 年, 该公司为全师 429 户职工饲养的 90.2 万只羊建立了信息档案, 基本实现了 "生产可记录、信息可查询、流向可跟踪、责任可追究", 推进了规范化养殖。

羊产品质量追溯体系建设项目的实施, 使绿翔牧业公司的产品置于社会监督之下, 确保消费者食用放心羊肉, 为提高企业产品竞争力和市场占有率提供了保障。

第六章 肉羊常见病防治技术

第一节 肉羊常见普通病防治技术

一、羊胃肠炎防治技术

（一）概述

羊胃肠炎是指由于某种病因引起胃肠黏膜及其深层组织发生的炎症，多以肠炎为主。临床特征为严重的胃肠道功能障碍和不同程度的自体中毒。该病是羊常见病和多发病，几乎所有养殖场（户）均有发生，幼羊发生多，且病情严重，治疗不及时易造成死亡。

（二）技术特点

1. 发病原因

饲养失宜，饲料品质粗劣，饲料调配不合理，饲料霉变，食入有毒植物、化学性毒物以及大量青绿饲料，饮水不洁，羊舍卫生差，羊舍不能保暖防雨，以及在治疗上用药不当或泻药剂量过大都可成为病因。另外，还会伴随在某些传染病和寄生虫病（如羊鼻蝇蛆、球虫病等）的病程中。

2. 临床症状

病羊精神不振，食欲及反刍减少或消失，鼻干燥，经常有口腔炎及大量唾液流出。脉搏及呼吸加快，瘤胃蠕动缓慢，有时发生轻度臌气，瘤胃蠕动有时加剧，常有嗳气现象。触诊腹部有痛感。腹泻，粪便稀软或水样，恶臭或腥臭。腹泻时肠音增强，病至后期则肠音减弱或消失。当炎症主要侵害胃及小肠时，肠音则逐渐变弱，排粪减少，粪干色暗，常有黏液混杂，后期才出现腹泻。

3. 防治措施

（1）预防：改善饲养管理条件，保持适当运动，增强体质，保证健康。日常管理必须注意饲料质量、给料方法，建立合理的管理制度，提高科学的饲养管理水平。

（2）治疗：原则是消除炎症、清理胃肠、预防脱水、维护心脏功能，解除中毒，增强机体抵抗力。

早期单纯消化不良，可用胃蛋白酶1克溶于凉开水中饮用。拉水样粪便时，用活性炭20～40克、次硝酸铋3克、鞣酸蛋白2克、磺胺脒4克，成羊一次口服。重者可肌注硫酸阿托品止泻。也可用复方新诺明片0.5克×4片、小苏打0.3克×6片、鞣酸蛋白0.3克×7片，成羊一次口服。中药可服用白头翁汤、郁金散、乌梅散等治疗。

当脱水时可用糖盐水500毫升、10%安钠咖2毫升、40%乌洛托品5毫升，一次静脉注射。脱水严重时，还需补钾、补钙、补维生素C等。

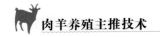

心力衰竭时，可用 10% 樟脑磺酸钠 3 毫升，1 次肌肉注射，或用尼可刹米注射液 1 毫升，皮下注射。

当病羊 4～5 天未吃食物时，可灌炒面糊或小米汤、麸皮大米粥；开始采食时，应给予易消化的饲草、饲料和清洁饮水，然后逐渐转为正常饲养。

（三）案例与成效

2009 年 11 月，新疆生产建设兵团农八师某团羊场大部分羊只发病，有 2 只羔羊死亡。病羊初期表现为精神沉郁，食欲减退乃至废绝，口腔干燥且臭，舌苔重（表现为黄白色）。反刍减少乃至停止，鼻镜干燥。腹泻，粪便由粥样到水样，腥臭，粪便中混有血和坏死的组织碎片。有不同程度的腹痛，腹部蜷缩。脱水严重时，体温明显升高，耳根发烫，心率增快，呼吸加快，眼结膜发绀，眼窝下陷，皮肤弹性降低，消瘦，尿少色浓、骚臭。濒危时，体温降低，脉搏快而弱，耳根和四肢发凉，昏睡，抽搐，最终死亡。病程长的则表现食欲时好时坏，挑食，并有异食癖，便秘或便秘与腹泻交替，诊断为胃肠炎。采用下述方法治疗：清理胃肠道有害内容物，硫酸钠 30 克加适量水一次灌服。粪便为水样且没有黏液，腹泻不止，腥臭味不浓时，进行止泻。用药用炭 10 克或鞣酸蛋白 3～4 克加小苏打 3～5 克，加适量水一次灌服。抑菌消炎视体重和年龄大小，用磺胺脒 4～8 克，诺氟沙星 0.5～1.0 克加水一次灌服，2 次/天，连用 3 天。或用庆大霉素或阿米卡星每千克体重 8 毫克，或环丙沙星每千克体重 5 毫克，肌注，2 次/天，连用 5 天。对脱水严重者，可用 5% 糖盐水 250 毫升、10% 安纳咖 4 毫升、维生素 C 100 毫升，混合静注，1～2 次/天，经治疗，病情得到控制，病羊康复。

二、羊瘤胃积食防治技术

（一）概述

羊瘤胃积食是指瘤胃充满饲料，超过了正常容积，致使胃体积增大，胃壁扩张，食糜滞留在瘤胃引起严重消化不良的疾病。该病临床特征为反刍、嗳气停止，瘤胃坚实，疝痛，瘤胃蠕动极弱或消失。

（二）技术特点

1. 发病原因

羊吃了过多的质量不良、粗硬易膨胀的饲料，如块根类、豆饼、霉败饲料，或采食干料而饮水不足等。当患有前胃弛缓、瓣胃阻塞、创伤性网胃炎、腹膜炎、真胃炎、真胃阻塞等疾病时可继发瘤胃积食。

2. 临床症状

病羊在发病初期食欲、反刍、嗳气减少或停止；鼻镜干燥，羊瘤胃积食，排粪困难，腹痛，不安摇尾，弓背，回头顾腹，呻吟咩叫；呼吸急促，脉搏加快，结膜发绀。听诊瘤胃蠕动音减弱、消失；触诊瘤胃胀满、硬实。后期由于过食造成胃中食物腐败发酵，导致酸中毒和胃炎，精神极度沉郁，全身症状加剧，四肢颤抖，常卧地不起，呈昏迷状态（图6-1）。

图 6-1 瘤胃积食病羊

3. 防治措施

（1）预防：加强饲养管理。如饲草、饲料过于粗硬，要经过加工再喂，注意不要让羊贪食与暴食，要加强运动。

（2）治疗：原则消导下泻，止酵防腐，纠正酸中毒，健胃补液。

消导下泻：石蜡油100毫升、人工盐或硫酸镁50克、芳香氨醑10毫升，加水500毫升，1次灌服。

止酵防腐：鱼石脂1～3克、陈皮酊20毫升，加水250毫升，1次内服。

纠正酸中毒：5%的碳酸氢钠100毫升、5%的葡萄糖200毫升，1次静脉注射。

药物治疗无效时，即速进行瘤胃切开术，取出内容物。

病羊恢复期可用健胃剂促进食欲恢复，如用龙胆酊5～10毫升，1次灌服；或用人工盐5～10克、大蒜泥10～20克，加适量水混合后1次灌服，每日2次。

（三）案例与成效

2007年辽宁省义县西关养羊户李某，养羊150多只，以舍饲为主。某日，畜主发现有8只羊发生不同程度的食欲减退，排干粪球，鼻镜干燥，反刍迟缓。之后反刍停止，瘤胃膨大，左肷窝部平坦，背腰拱起，后肢踢腹，摇尾，呻吟，顾腹。体温39.2℃，触诊瘤胃，病畜抗拒，胃内容物坚硬。叩诊成浊音，听诊瘤胃音消失，呼吸急促，根据症状及检查诊断为瘤胃积食。采取下述方法治疗：对轻度的积食给予大量清洁饮水，进行瘤胃按摩，每1～2小时1次，每次20分钟。较重的瘤胃积食内服硫酸镁50克、鱼石脂15～20克、水500～800毫升，1次内服。在内容物泻下后或泻下同时，用硫酸钠40～60克、稀盐酸3毫升、马钱子酊2毫升加水400毫升灌服。经治疗，8只病羊，有6只羊病情好转，2天后排除了积食，开始反刍；两只羊症状没有缓解，采用瘤胃切开术，取出积滞的内容物也得到康复。

三、羊瘤胃臌胀防治技术

（一）概述

瘤胃臌胀是羊采食了易发酵饲料，在瘤胃内发酵产生大量气体，致使瘤胃体积迅速增大，过度臌胀为特征的一种疾病。

（二）技术特点

1. 发病原因

采食大量易发酵饲料，如豆苗、青苜蓿等多汁易胀饲料；误食某些可发生瘤胃麻痹的植物如毒芹、秋水仙或乌头等；采食大量易臌胀的干料，如豆类、玉米、麦子、稻谷、油饼类等；采食难以消化的饲料，如麦秸、干甘薯藤、玉米秸等；采食大量豆科牧草、雨后水草、露水未干的青草等；以及缺乏运动、消瘦、消化机能不好、饮水不足、突然变换饲料等，均可诱发本病。

2. 临床症状

病初羊只食欲减退，反刍、嗳气减少，或很快食欲废绝，反刍、嗳气停止。呻吟、努责，腹痛不安，腹围显著增大，尤以左肷部明显。触诊腹部紧张性增加，叩诊呈鼓音。经常作排粪姿势，但排出粪量少，为干硬带有黏液的粪便，或排少量褐色带恶臭的稀粪，尿少或无尿排出。鼻、嘴干燥，呼吸困难，眼结膜发绀。重者脉搏快而弱，呼吸困难，口吐白沫，但体温正常。病后期，羊虚乏无力，四肢颤抖，站立不稳，最后昏迷倒地，因呼吸窒息或心脏衰竭而死亡。

3. 防治措施

（1）预防：该病多发生在春季，防治重点要加强饲养管理，促进消化机能，保持其健康水平。由舍饲转为放牧时，最初几天在出牧前先喂一些干草后再出牧，并且还应限制放牧时间及采食量。在饲喂易发酵的青绿饲料时，应先饲喂干草，然后再饲喂青绿饲料。尽量少喂堆积发酵或被雨露浸湿的青草。不让羊暴食幼嫩多汁豆科植物，不在雨后或有露水、下霜的草地上放牧。舍饲育肥羊，应在全价日粮中至少含有 10% ～ 15% 的铡短的粗料，粗料最好是禾谷类稿秆或青干草，避免饲喂用磨细的谷物制作的饲料。

（2）治疗：病的初期，轻度气胀，让病羊头部向上站在斜坡上，用两腿夹住羊的头颈部，有节奏地按摩腹部，连续 5 ～ 10 分钟，对治疗瘤胃臌胀有一定效果。

气胀严重的，应用松节油 20 ～ 30 毫升、鱼石脂 10 ～ 15 克、95% 酒精 30 ～ 50 毫升，加适量温水，一次内服。或用醋 20 毫升、松节油 3 毫升、酒精 10 毫升，混合后一次灌服；或用克辽林 2 ～ 4 毫升加水 20 ～ 40 毫升，一次性灌服；或用大蒜酊 15 ～ 25 毫升，加水 4 倍，一次灌服，具有消胀作用。

病羊危急时，可用套管针在左腹肋部中央放气，此时要用拇指按住套管出气口，让气体缓慢放出，放完气后，用鱼石脂 5 毫升加水 150 毫升，从套管注入瘤胃。

（三）案例与成效

2007 年 7 月 10 日，贵州省金沙县安底镇某养殖户的黑山羊发病，反刍、嗳气停止，病畜不安，左腹膨大。主述该羊曾采食过大量新鲜苜蓿草。对病羊用一根直径为 0.5 厘米、长约 1 米的柔软橡胶管，从口腔经食管插到瘤胃臌起的地方，将气体缓慢放出。同时按每千克体重 3 克植物油灌服或直接注射瘤胃，灌服或注射后按摩患羊腹部 1 ～ 2 分钟，然后赶着羊奔跑约 5 分钟。经治疗病羊痊愈。

四、羔羊白肌病

（一）概述

羔羊白肌病是幼羔发生的一种以骨骼肌、心肌纤维以及肝组织等发生变性、坏死为主要特征的疾病。其中，病羔四肢无力、运动困难、肌肉色淡为主要病征。该病属地方病，主要发生在缺硒地区，我国是世界上缺硒最严重的地区，从东北三省起斜穿至云贵高原，占我国国土面积 72% 的地区为低硒地带，其中 30% 为严重缺硒地区，粮食和蔬菜等食物含硒量极低，这些地区要加强对该病的预防。

（二）技术特点

1. 发病原因

主要是饲料中硒和维生素 E 缺乏或不足，或饲料内钴、锌、银等微量元素含量过高而影响动物对硒的吸收。羊机体内硒和维生素 E 缺乏时，正常生理性脂肪发生过度氧化，细胞组织的自由基受到损害，发生退行性病变、坏死，并可钙化，病变以骨骼肌、心肌受损最为严重，引起运动障碍和急性心肌坏死。

2. 临床症状

多呈地方性流行，3～5 周龄的羔羊最易患病，死亡率有时高达 40%～60%。生长发育越快的羔羊，越容易发病，且死亡越快。急性病例，病羔常突然死亡。亚急性病例，病羊精神沉郁，背腰发硬，步样强拘，后躯摇晃，后期常卧地不起。臀部肿胀，触之硬固。呼吸加快，脉搏增数，羔羊可达 120 次 / 分以上。初期心搏动增强，以后心搏动减弱，并出现心律失常。慢性病例，病羊运动缓慢，步样不稳，喜卧。精神沉郁，食欲减退，有异嗜现象。被毛粗乱，缺乏光泽，黏膜黄白，腹泻多尿。脉搏增数，呼吸加快。剖检可见骨骼肌苍白，心肌苍白、变性，营养不良。

3. 防治措施

预防：对妊娠母羊、哺乳期母羊和羔羊冬春季节可在饲料中添加含硒和维生素 E 的预混料。对母羊供给豆科牧草，怀孕母羊补给 0.2% 亚硒酸钠液，皮下或肌肉注射，剂量为 4～6 毫升。对新生羔羊出生后 20 天，先用 0.2% 亚硒酸钠液，皮下或肌肉注射，每次 1 毫升，间隔 20 天后再注射 1.5 毫升，注射开始日期最晚不得超过 25 日龄，能预防羔羊白肌病。

治疗：对急性病例通常使用 0.1% 亚硒酸钠注射肌肉或皮下注射，羔羊每次 2～4 毫升，间隔 10～20 天重复注射 1 次，维生素 E 肌肉注射，羔羊 10～15 毫克，每天 1 次，5～7 天为一个疗程。对慢性病例可采用饲料补硒，可在饲料中按 0.1 毫克 / 千克添加亚硒酸钠。

（三）案例与成效

2011 年 5 月，青岛即墨市瓦戈庄，段泊兰等乡镇的养羊户中发生了羔羊死亡现象。

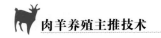

通过调查，在 12 个养羊户中，有 47 只羔羊发病，死亡 17 只，其中因发生运动障碍和衰竭死亡的 6 只，占死亡羔羊 35%。通过临床检查和病理剖检，诊断为羔羊白肌病。肌注 0.1% 亚硒酸钠维生素 E 复合制剂，每只羔羊 2 毫升，间隔 2 ～ 3 天，再注射 1 ～ 2 次；同时，补饲精料和添加矿物质、多维、微量元素添加剂，控制了羔羊死亡现象。

第二节 肉羊常见传染病防治技术

一、羊口蹄疫防治技术

（一）概述

羊口蹄疫是由口蹄疫病毒引起的急性、热性、高度接触性传染病。其临床特征是患病动物口腔黏膜、蹄部和乳房发生水疱和溃疡。口蹄疫被世界动物卫生组织列为必须报告的动物传染病，我国规定为一类动物疫病。任何单位和个人发现家畜疑似口蹄疫临床异常情况，应及时向当地动物防疫监督机构报告，由动物防疫监督机构派专人到现场进行临床和病理诊断。疫情处置必须在动物防疫监督机构指导和监督下进行。

（二）技术特点

1．病原特征

口蹄疫病毒属小 RNA 病毒科口蹄疫病毒属。病毒具有多型性和变异性，根据抗原不同，可分为 O 型、A 型、C 型、亚洲 I 型、南非 I 型、南非 II 型、南非III型等 7 个不同的血清型，各型之间均无交叉免疫性。口蹄疫病毒具有较强的环境适应性，耐低温，不怕干燥。对酚类、酒精、氯仿等不敏感，但对日光、高温、酸碱的敏感性很强。常用的消毒剂有 1% ～ 2% 的氢氧化钠、30% 的热草木灰、1% ～ 2% 的甲醛、0.2% ～ 0.5% 的过氧乙酸、4% 的碳酸氢钠溶液等。

2．流行特点

该病主要侵害偶蹄兽，如牛、羊、猪、鹿、骆驼等，其中以猪、牛最为易感，其次是绵羊、山羊和骆驼。人也可感染。病畜和带毒动物是该病的主要传染源，痊愈家畜可带毒 4 ～ 12 个月。病毒在带毒畜体内可产生抗原变异，产生新的亚型。本病主要靠直接和间接接触性传播，消化道和呼吸道传染是主要传播途径，也可通过眼结膜、鼻黏膜、乳头及伤口感染。空气传播对本病的快速大面积流行起着十分重要的作用，常可随风散播到50 ～ 100 千米外。

3．临床症状

羊感染口蹄疫病毒后一般经过 1 ～ 7 天的潜伏期出现症状。病羊体温升高，初期体温可达 40 ～ 41℃，精神沉郁，食欲减退或拒食，脉搏和呼吸加快。口腔、蹄、乳房等部位出现水疱、溃疡和糜烂。严重病例可在咽喉、气管等黏膜上发生圆形烂斑和溃疡，上盖黑棕色痂块。绵羊蹄部症状明显，口黏膜变化较轻。山羊症状多见于口腔，呈弥漫性口黏膜炎，水疱见于硬腭和舌面,蹄部病变较轻。病羊水疱破溃后,体温即明显下降,症状逐渐好转。初生的羔羊危害严重,有时呈出血性肠炎,并因心肌炎而死亡。怀孕的母羊可导致流产。

4. 病理变化

病羊口腔、蹄部出现水疱和烂斑,消化道黏膜有出血性炎症,心肌色泽较淡,质地松软,心外膜与心内膜有弥散性及斑点状出血,心肌切面有灰白色或淡黄色、针头大小的斑点或条纹,如虎斑,称为"虎斑心",以心内膜的病变最为明显。

5. 实验室检测

(1)病原学检测:主要包括病毒分离鉴定、间接夹心酶联免疫吸附试验、RT — PCR、反向间接血凝试验。

(2)血清学检测:主要包括中和试验、液相阻断酶联免疫吸附试验、非结构蛋白ELISA、正向间接血凝试验。

6. 病例判定

出现符合该病流行特点和临床症状或病理变化指标之一,即可定为疑似口蹄疫病例。疑似口蹄疫病例经病原学检测方法任何一项阳性,即可确诊为口蹄疫病例。疑似口蹄疫病例不能进行病原学检测时,未免疫羊血清学检测抗体阳性或免疫羊非结构蛋白抗体 ELISA检测阳性,可判定为口蹄病例。

7. 防治措施

(1)预防措施:加强检疫,不从疫区引进偶蹄动物及产品。对所有羊严格按照免疫程序实施强制免疫。常用的免疫程序为种公羊、后备母羊每年接种疫苗 2 次,每间隔 6 个月免疫 1 次;生产母羊在产后 1 个月或配种前,免疫 1 次。成年羊每年免疫 2 次,每间隔 6个月免疫 1 次。羔羊出生后 4 ～ 5 个月免疫 1 次,隔 6 个月再免疫 1 次。免疫剂量及免疫方法按说明书要求进行。

(2)疫情处置:一旦发生疫情,要遵照"早、快、严、小"的原则,严格执行封锁、隔离、消毒、紧急预防接种、检疫等综合扑灭措施。划定疫点、疫区、受威胁区。扑杀疫点内所有病畜及同群易感畜,并对病死畜和扑杀畜及其产品实施无害化处理;对排泄物、被污染饲料、垫料、污水等进行无害化处理;对被污染的或可疑污染的物品、交通工具、用具、畜舍、场地进行严格彻底消毒;对发病前 14 天出售的家畜及其产品进行追踪,并做扑杀和无害化处理。对疫区实施封锁,在疫区周围设置警示标志,在出入疫区的交通路口设置动物检疫消毒站,对出入的车辆和有关物品进行消毒;疫区内所有易感动物进行紧急强制免疫,建立完整的免疫档案;关闭家畜交易市场,禁止活畜进出疫区及产品运出疫区;对交通工具、畜舍及用具、场地进行彻底消毒;对易感家畜进行疫情监测,及时掌握疫情动态;必要时对疫区内所有易感动物进行扑杀和无害化处理。对受威胁区最后一次免疫超过一个月的所有易感动物进行一次紧急强化免疫;疫区内最后 1 头病羊死亡或扑杀后,连续观察至少 14 天,再未发现新病例时,经彻底消毒,疫情监测阴性,才能解除封锁。

二、绵羊痘/山羊痘防治技术

（一）概述

绵羊痘和山羊痘，分别是由痘病毒科羊痘病毒属的绵羊痘病毒、山羊痘病毒引起的绵羊和山羊的急性、热性、接触性传染病。羊痘是一个非常古老的动物疫病，在北非、中东、欧洲、亚洲及澳大利亚广泛流行。我国也是该病的多发区，西北地区、华中地区、华南地区是羊痘地区疫情集中区。绵羊痘和山羊痘被世界动物卫生组织列为必须报告的动物疫病，我国将其列为一类动物疫病。任何单位和个人发现患有本病或者疑似本病的病例，都应当立即向当地动物防疫监督机构报告，由动物防疫监督机构派专人进行临床和病理诊断，诊断为羊痘病例，必须在动物防疫监督机构指导和监督下进行疫情处置。

（二）技术特点

1. 病原特征

绵羊痘病毒和山羊痘病分类上属于痘病毒科，山羊痘病毒属。是有囊膜的双股 DNA 病毒。病毒主要存在于病羊皮肤、黏膜的丘疹、脓疱以及痂皮内，病羊鼻分泌物内也含有病毒，发热期血液内也有病毒存在。羊痘病毒对直射阳光、酸、碱和大多数常用消毒药（酒精、红汞、碘酒、来苏尔、福尔马林、石炭酸等）均较敏感，对醚和氯仿也较为敏感。耐干燥，在干燥的痂皮内能成活数月至数年，在干燥羊舍内可存活 6 ~ 8 月。不同毒株对热敏感程度不一，一般 55℃ 下持续 30 分钟即可灭活。

2. 流行特点

在自然条件下，绵羊痘病毒只能使绵羊发病，山羊痘病毒只能使山羊发病，一般不会发生交叉感染。病羊是主要的传染源，主要通过呼吸道感染，也可通过损伤的皮肤或黏膜侵入机体。饲养和管理人员，以及被污染的饲料、垫草、用具、皮毛产品和体外寄生虫等均可成为传播媒介。本病传播快、发病率高，不同品种、性别和年龄的羊均可感染，羔羊较成年羊易感，细毛羊较其他品种的羊易感，粗毛羊和土种羊有一定的抵抗力。一年四季均可发生，我国多发于冬春季节，气候严寒、雨雪、霜冻、饲养管理不良等因素都有助于该病的发生和加重病情。该病一旦传播到无本病地区，易造成流行。

3. 临床症状

典型病例病羊体温升至 40℃ 以上，2 ~ 5 天后在皮肤上可见明显的局灶性充血斑点，随后在腹股沟、腋下和会阴等部位，甚至全身出现红斑、丘疹、结节、水泡，严重的可形成脓疱。某些品种的绵羊在皮肤出现病变前可发生急性死亡；某些品种的山羊可见大面积出血性痘疹和大面积丘疹，可引起死亡。非典型病例呈一过型羊痘，仅表现轻微症状，不出现或仅出现少量痘疹，呈良性经过。

4. 病理变化

病死羊体况明显消瘦，体表皮肤呈典型的痘疹，剖检可见呼吸道、消化道黏膜卡他性出血性炎症。咽、气管、支气管黏膜上有浅灰色小结节，并附有浓稠黏液，肺有干酪样的结节和卡他性肺炎区，有的痘疱散布在肺叶中，触摸坚硬，瘤胃、皱胃内壁有大小不等的半球状或圆形坚实的结节，有单个或几个融合，有的形成糜烂，有的发生溃疡。

5. 实验室检测

病原学检测可用电镜检查包涵体，血清学检测有中和试验。

6. 防治措施

（1）预防措施：羊痘是一种急性传染病，要采取以免疫为主的综合性防治措施。一是消毒。羊舍、羊场环境、用具、饮水等应定期进行严格消毒；饲养场出入口处应设置消毒池，内置有效消毒剂。二是免疫。常用羊痘鸡胚化弱毒疫苗预防接种，每只羊接种 0.5 毫升，于尾根部皮下注射，注射后 4～6 天产生免疫力，免疫期为 1 年。三是监测。非免疫区域以流行病学调查、血清学监测为主，结合病原鉴定。免疫区域以病原监测为主，结合流行病学调查、血清学监测。异地引种时，应从非疫区引进。调运前隔离 21 天，并在调运前 15 天至 4 个月进行过免疫。

（2）疫情处置：根据流行病学特点、临床症状和病理变化做出的临床诊断结果，可做为疫情处理的依据。发现或接到疑似疫情报告后，动物防疫监督机构应及时派员到现场进行临床诊断、流行病学调查、采样送检。对疑似病羊及同群羊应立即采取隔离、限制移动等防控措施。当确诊后，应当立即划定疫点、疫区、受威胁区，并采取相应措施。对疫点内的病羊及其同群羊彻底扑杀。对病死羊、扑杀羊及其产品进行无害化处理；对病羊排泄物和被污染或可能被污染的饲料、垫料、污水等要通过焚烧、密封堆积发酵等方法进行无害化处理。对疫区和受威胁区内的所有易感羊进行紧急免疫接种。对疫区、受威胁区内的羊群必须进行临床检查和血清学监测。疫区内没有新的病例发生，疫点内所有病死羊、被扑杀的同群羊及其产品按规定处理 21 天后，对有关场所和物品进行彻底消毒，才能解除封锁。

（三）案例与成效

2001 年冬季，新疆建设兵团羊发病，发病率 20% 以上，死亡率 30%。病羊表现乳房、尾根内侧，四肢内侧无毛或少毛的皮肤发生绿豆大小的硬结。有的在胸、腹、脖子等部位的皮肤表面可摸到密密的黄豆大小的硬结节。体温升高至 41～42℃，食欲减弱，精神不振，畏冷。眼睑肿胀，结膜充血有分泌物。常伴有咳嗽、呼吸困难、叫声嘶哑、流脓性鼻涕。羔羊死亡率高。解剖除皮肤有特殊的痘疹外，呼吸系统的黏膜出现出血性炎症或痘疹。诊断为羊痘。采取对全群羊紧急接种羊痘弱毒冻干疫苗，对圈舍用百毒杀进行喷洒消毒。对羊群加强管理，提前补料，增强羊只抗病能力。后来每年进行羊痘免疫接种，使羊痘基本上得到控制。

三、羊布氏杆菌病防治技术

（一）概述

羊布氏杆菌病是由布氏杆菌引起的一种人畜共患的慢性传染病，其特征是妊娠母畜流产、胎衣不下、生殖器官和胎膜发炎。公畜表现为睾丸炎及不育等。布鲁氏菌病是目前世界上流行最广，危害最大的人畜共患病之一，我国将其列为二类动物疫病。流行范围几乎遍布世界各地。

（二）技术特点

1. 病原特征

布氏杆菌为布氏杆菌属，布氏杆菌属分为羊、牛、猪、鼠、绵羊及犬布氏杆菌 6 个种，我国流行的主要是羊、牛、猪 3 种，其中以羊布氏杆菌病最为多见。布氏杆菌为革兰氏阴性需氧杆菌，无芽胞，无荚膜，无鞭毛，呈球杆状，不能运动，在某些条件不利时形成荚膜。布氏杆菌对自然环境的抵抗力较强，在干燥土壤中能存活 37 ～ 120 天，在粪水中能存活 1.5 ～ 4 个月，在水中能存活 72 ～ 120 天，在乳汁内能存活 10 天，在冷暗处胎儿体内能存活 4 ～ 6 个月。对高热、腐败、发酵的抵抗力弱，在阳光下 0.5 ～ 4 小时死亡，100℃ 数分钟、巴氏消毒法 10 ～ 15 分钟即可将其杀死。一般消毒剂数分钟至 15 分钟可杀死该细菌。

2. 流行特点

布病易感动物范围很广，家畜、野生动物、啮齿动物、两栖类、蛇类、虫类等 60 多种动物都贮有布氏杆菌（图 6-2）。但最易感家畜主要是羊、牛、猪，在某些情况下能交叉感染，人亦易感。传染源是病畜和带菌动物，胎衣、羊水、阴道分泌物、乳汁、精液都可散布病原微生物。传播途径主要是消化道，也可经无创伤的皮肤和黏膜而传染，交媾、昆虫吸血也能传染。菌血症时期的病畜肉、内脏、毛、皮等都含有病原微生物，也可引起传染。布病常呈地方性流行。母畜较公畜易感。性越成熟越易感，幼畜有抵抗力，成年较幼畜易感。第一胎流产的多，二胎以后流产较少。无季节性，但产仔季节发生较多。畜群流产高潮后，流产率逐渐降低，甚至完全停止。新疫区流产率高，老疫区大批流产的情况较少。饲料不良，畜舍拥挤，光线不足，

图 6-2 布病母羊流产的胎盘，子叶出血、坏死

通风不良，寒冷潮湿，饲料不足等降低机体抵抗力的因素，可促进本病的发生和流行。

3. 临床症状

潜伏期不定，短的二周，长的半年。多数病例为隐性感染。怀孕羊发生流产，多发生在怀孕后的 3～4 个月，流产后可能发生胎衣滞留和子宫内膜炎，从阴道流出污秽不洁、恶臭的分泌物。新发病的畜群流产较多，老疫区畜群发生流产的较少，但发生子宫内膜炎、乳房炎、关节炎、胎衣滞留、久配不孕的较多。公羊发生睾丸炎、附睾炎或关节炎（图6-3）。

4. 病理变化

剖检变化主要在流产胎儿、胎衣。胎儿浆膜与黏膜有出血点与出血斑，皮下和肌间浆液性浸

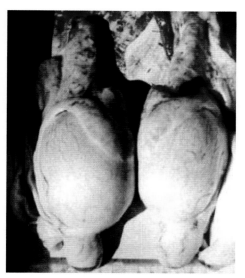

图 6-3 布病羊睾丸炎

润，胸腔腹腔积液微红色，真胃中有黄白色黏液和絮状物，脾脏和淋巴结肿大，肝脏中出现坏死灶。脐带浆液性浸润肥厚。胎衣覆纤维蛋白絮片和脓液，点状出血、水肿增厚，部分或全部黄色胶样浸润。公羊可发生化脓性坏死性睾丸炎和附睾炎，睾丸肿大，后期睾丸萎缩，关节肿胀和不育。

5. 实验检测

（1）病原检查。显微镜检查：取胎盘绒毛叶组织、流产胎儿胃液或阴道分泌物作抹片，用柯兹罗夫斯基染色法染色，镜检。布氏杆菌染成红色，背景为蓝色。布氏杆菌大部分在细胞内，集结成团，少数在细胞外。

分离培养鉴定：新鲜病料可用胰蛋白胨琼脂斜面或血液琼脂斜面、肝汤琼脂斜面、3% 甘油 0.5% 葡萄糖肝汤琼脂斜面等培养基培养；若为陈旧病料时，可在培养基中加入二十万分之一的龙胆紫培养。培养时，一份在普通条件下，另一份放于含有 5%～10% 二氧化碳的环境中，37℃培养 7～10 天。然后进行菌落特征检查和特异性抗血清凝集试验确诊布鲁氏菌。

（2）血清学检测。初筛试验：可采用虎红平板凝集试验、乳牛布病全乳环状试验。

正式试验：可采用试管凝集试验、补体结合试验。

初筛试验出现阳性反应，并有流行病学史和临床症状或分离出布鲁氏菌，判为病畜。

血清学正式试验中试管凝集试验阳性或补体结合试验阳性，判为阳性畜。

6. 防治措施

（1）预防措施。未感染畜群防治布病传入的最好办法是自繁自养，必须引进家畜时要严格执行检疫，隔离饲养两个月，两次检测阴性者才可和原有畜群合群。受威胁区每年至少要检疫一次，发现病畜立即淘汰。可疑病羊应及时严格分群隔离饲养，等待复查。受污染的羊舍、运动场、饲喂用具等用 5% 克辽林或来苏尔溶液、10%～20% 石灰乳、2% 氢氧

化钠溶液等消毒。流产胎儿、胎衣、羊水和产道分泌物应深埋。布氏杆菌病常发区的检测阴性羊群要进行免疫接种，接种的疫苗可选用布氏杆菌猪型Ⅱ号弱毒苗、布氏杆菌羊型5号疫苗。

（2）疫情处置。经确诊为布氏杆菌病例后，对患病羊全部扑杀。对受威胁羊群实施隔离，对患病羊及其流产胎儿、胎衣、排泄物等进行无害化处理。对患病动物污染的场所、用具、物品进行消毒处理。

（三）案例与成效

青海省祁连县2008～2011年采用布杆菌试管凝集试验，对种公羊进行了羊布氏杆菌病抽检，2008年抽检2154只，检出阳性26只，占1.21%；2009年采集羊血清11156份，检出阳性251只，占2.25%；2010年抽检1646只，检出阳性76只，占5.2%；2011年抽检181只，检出阳性2只，占1.11%。经调查，当地羊流产率为1.57%，空怀率为5%。同时抽检种公牛、奶牛及牦牛，均检出阳性，临床上也见到以流产为临床症状。表明布氏杆菌病在当地流行比较严重。迅速对所有生产母畜进行免疫注射，对种公畜进行实验室检测，检出阳性种畜全部淘汰处理。经过3年的计划免疫和淘汰阳性畜，共免疫187万只（头），淘汰阳性畜400只（头），使母畜流产率下降了2%～3%，防治取得了明显效果。

四、羊快疫防治技术

（一）概述

羊快疫是由腐败梭菌经消化道感染引起的主要发生于绵羊的一种急性传染病。

（二）技术特点

1.病原特征

羊快疫的病原是腐败梭菌，为革兰氏阳性的厌氧大杆菌，菌体正直，两端钝圆，用死亡羊的脏器，特别是肝脏被膜触片染色后镜检，常见到无关节的长丝状菌体（图6-4）。在动物体内外均可产生芽胞，不形成荚膜，可产生多种毒素。

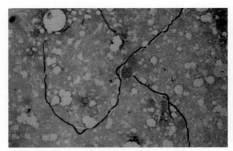

图6-4 长丝状腐败梭菌　　图6-5 羊快疫病羊真胃黏膜出血性炎症

2. 流行特点

羊快疫绵羊最易感，山羊和鹿也可感染。发病年龄多在 6 个月到 18 个月。腐败梭菌芽胞经口进入并存在于消化道，当受到不良因素的影响时，如秋冬和初春气候骤变，阴雨连续时，羊感冒或采食不当，机体受到刺激，抵抗力下降，腐败梭菌则大量繁殖，产生外毒素，毒素使消化道黏膜，特别是真胃黏膜发生坏死和炎症，同时毒素随血液进入体内，刺激中枢神经系统，引起急性休克，使病羊急速死亡（图 6-5）。常呈地方性流行，发病率约 10% ～ 20%，病死率为 90%。

3. 临床症状

突然发病，往往未表现出临床症状即倒地死亡，常常在放牧途中或在牧场上死亡，或早晨发现死在羊圈舍内。病程稍长的病羊离群独居，卧地，不愿意走动，强迫其行走时，则运步无力，运动失调。腹部臌胀，有疝痛表现。体温有的升高到 41.5℃。发病羊以极度衰竭、昏迷至发病后数分钟或几天内死亡。

4. 病理变化

病死羊尸体迅速腐败臌胀，可视黏膜充血呈暗紫色，体腔多有积液。特征性表现为真胃出血性炎症，胃底部及幽门部黏膜可见大小不等的出血斑点及坏死区，黏膜下水肿。肠道内充满气体，常有充血、出血、坏死或溃疡。心内、外膜可见点状出血。胆囊多肿胀。

5. 实验室检测

迅速无菌采集病死羊脏器组织，同时作肝被膜触片或其他脏器涂片，用瑞氏染色法或美兰染色法染色镜检，除见到两端钝圆、单个或短链状的粗大菌体外，也可观察到无关节的长丝状菌体链，革兰氏染色法则呈阳性反应。

病料采集后立即进行分离培养，用厌氧培养法进行分离鉴定。

6. 防治措施

（1）预防：加强饲养管理，特别是秋冬和初春气候骤变季节，要防止严寒突袭，安排好放牧时间，避免采食霜冻饲草。常发地区，每年定期注射"羊快疫、羊猝狙、羊肠毒血症"三联苗或"羊快疫、羊猝狙、羊肠毒血症、羔羊痢疾、黑疫"五联苗。

（2）治疗：发病时要及时隔离病羊，对病死羊尸体及排泄物应深埋；被污染的圈舍和场地、用具用 3% 的烧碱溶液或 20% 的漂白粉溶液消毒。对同群羊进行紧急预防接种，同时全群灌服 10% 的石灰水 100 毫升或 2% 的硫酸铜 100 毫升或 0.5% 高锰酸钾 250 毫升。对病程稍长的病羊治疗用青霉素肌肉注射，每次 80 万～ 160 万单位，每日 2 次。也可选用卡那霉素、磺胺及喹诺酮类药物进行治疗抗菌消炎；静脉注射 10% 安钠咖 10 毫升、10% ～ 25% 葡萄糖 100 ～ 200 毫升 / 次。

（三）案例与成效

2010 年 11 月 13 日，福建省龙岩市某饲养场的 90 只南江黄羊，早晨突然发现 2 只成年羊死于圈内，同于当日上午发现 2 只羊有磨牙、痉挛、鸣叫等现象。羊死后腹部膨胀，病理剖检见真胃底部及十二指肠黏膜水肿，肝脏呈淡土黄色、质脆，腹腔有大量黄色积液，胸腔与心包有少量积液，心肌变软，心内外膜和冠状脂肪有出血斑点。将病死羊肝脏被膜触片，革兰氏染色，镜检见到大量革兰氏阳性、两端钝圆、单个或呈短链状的粗大杆菌，同时有少量无关节的长丝菌体链。将肝组织接种于血琼脂平板，37℃培养48小时后，可见长出稍隆起、灰白、边缘不整的菌落，菌落外有溶血区。革兰氏染色镜检可见大量革兰氏阳性、两端钝圆、单个或呈2～3个相连的粗大杆菌，有的呈无关节的长丝状。诊断为羊快疫。对同群羊紧急接种羊快疫、猝疽、肠毒血症三联苗，同时每只羊灌服2%硫酸铜100毫升。对病羊按每千克体重0.15克肌注磺胺嘧啶，连用3天；对精神症状明显的用葡萄糖生理盐水500毫升、头孢拉定160万单位、地塞米松10毫克，混合后静脉注射，每天2次，连用3天。对心力衰竭和有酸中毒表现时，增加5%碳酸氢钠50毫升、10%安钠咖15毫升，混合静脉注射，每天2次。经5天治疗，8只病羊，死亡1只，其余恢复健康，病情得到控制。

五、羊肠毒血症防治技术

（一）概述

羊肠毒血症是魏氏梭菌产生毒素所引起的绵羊急性传染病。该病以发病急，死亡快，死后肾脏多见软化为特征（图6-6、图6-7）。

图6-6 羊肠毒血症肾坏死

图6-7 羊肠毒血症小肠出血

（二）技术特点

1. 病原特征

羊肠毒血症是由D型魏氏梭菌所引起的，该菌又称为D型产气荚膜杆菌，分类上属于梭菌属。为厌氧粗大杆菌，革兰氏染色阳性。在动物体内可形成荚膜，芽胞位于菌体中央。

2. 流行特点

本病为经口感染，羊采食了被魏氏梭菌芽胞污染的饲草、饮水，病菌进入消化道，当饲料突然改变或其他原因导致羊的抵抗力下降、消化功能紊乱时，细菌在肠道迅速繁殖，产生大量毒素，引起全身毒血症。不同品种、年龄的羊都可感染，以绵羊为多，山羊较少。通常以2～12月龄、膘情较好的羊只为主。发病有明显的季节性，牧区以春夏之交抢青时和秋季牧草结籽后的一段时间发病为多，农区则多见于收割抢茬季节或食入大量富含蛋白质饲料时。多呈散发流行。

3. 临床症状

本病发生突然，病畜常无症状而突然发病和死亡。病程稍长的可见到病羊呈腹痛、肚胀症状，腹泻，拉黄褐色水样稀粪。濒死期时全身肌肉痉挛，角弓反张，倒地，四肢抽搐呈划水样。呼吸迫促，口鼻流出白沫。有的昏迷虚脱、静静死亡。

4. 病理变化

死后剖解真胃内常有未消化饲料，小肠黏膜充血、出血发炎，严重病羊肠壁呈血红色或有溃疡。肾脏软化似泥，稍加触压即溃烂。体腔积液，心脏扩张，心内外膜有出血点。全身淋巴结肿大，切面黑褐色。

5. 实验室检测诊断

（1）病原学检查：采集小肠内容物、肾脏及淋巴结等作为病料制片，染色镜检，可在肠道发现大量的有荚膜的革兰氏阳性大杆菌，同时肾脏等脏器也可检出魏氏梭菌。用厌气肉肝汤和鲜血琼脂分离培养。纯分离物进行生化试验以便鉴定。

（2）毒素检查：利用小肠内容物滤液接种小鼠或豚鼠进行毒素检查和中和试验，以确定毒素的存在和菌型。

（3）血、尿常规检查：血糖、尿糖升高。

6. 防治措施

（1）预防：加强饲养管理，农区和牧区春夏多发病期间少抢青、抢茬，实行牧草场轮换放牧，经常给羊饮用 0.1% 高锰酸钾溶液。秋季避免吃过量结籽饲草。常发病区定期注射"羊快疫、羊猝狙、羊肠毒血症"三联苗或"羊快疫、羊猝狙、羊肠毒血症、羔羊痢疾、黑疫"五联苗。

（2）治疗：病程缓慢的病羊可选择用强力霉素按每千克体重 2～5 毫克内服；庆大霉素按每千克体重 10～15 毫克肌肉注射，每日 2 次；磺胺脒 8～12 克，第 1 天 1 次灌服，第 2 天分 2 次灌服。病情严重者可用 10% 安那咖 10 毫升加入 500～1000 毫升 5% 葡萄糖溶液中静脉滴注。

（三）案例与成效

2010 年 10 月，山东省利津县某小镇多家羊发生一种以腹泻、麻痹和突然死亡为特征的疫病。病羊表现为突然发病，精神委靡不振，离群，喜卧，食欲废绝，反刍停止，体温为 38.2～39.8℃，无明显变化。多腹泻，开始排水样黄色稀粪，当排黑色或深绿色稀粪时很快死亡。濒死前多数病羊口吐水样白沫，呼吸困难，磨牙，流浆液黏性鼻液。有的病羊还伴有以肌肉抽搐为特征的神经症状，死亡前四肢强烈划动，四肢僵硬，角弓反张，继而昏迷死亡。有的病羊卧地不起，流涎，出现昏迷状后死亡。剖检肺部呈弥漫性淤血，肝实质变性，心包积液，脾淤血、肿大，有黑色坏死点。肾脏呈青黑色，实质松软如泥。回肠内有黑红色血便和多量气体，肠黏膜表面有溃疡。肠系膜淋巴结水肿、出血，全身淋巴结肿大，切面呈黑褐色。取病变组织抹片革兰氏染色镜检，见到大量梭状革兰氏阳性大杆菌。取病死羊肝、脾、肾、肺及肠黏膜，分别接种于普通琼脂平板，37℃厌氧培养24小时，见到灰色、中央隆起的圆形菌落。病料接种于绵羊血琼脂培养基中，37℃厌氧培养24小时后，培养基上产生淡灰色有溶血环的菌落。挑取菌落涂片做革兰氏染色镜检，见到革兰氏阳性梭状粗大杆菌，有的菌体有荚膜。取肠内稀粪，按照1:2加入生理盐水稀释，3000转/分钟离心，取上清液分为2份，一份不经任何处理直接给5只小白鼠尾静脉注射，每只0.3毫升。另一份经高温处理30分钟后以同等量注射给5只小白鼠，在相同的环境下饲养管理。结果注射未经处理液体的小白鼠在20分钟内先后昏迷、死亡，而注射经过高温处理液体的小白鼠没有异常变化。确诊为羊肠毒血症。迅速隔离病羊，将羊圈内垫料全部清除，对羊舍及周围场地道路撒布生石灰进行消毒。对于个别发病较缓的病羊肌肉注射较大剂量青霉素钠。对未发病的羊只用"羊快疫、羊猝疽、羊肠毒血症"三联苗进行紧急免疫接种。采取以上措施后，除治疗初期仍有零星死亡外，羊群整体好转，疫情得以控制。

六、羔羊痢疾防治技术

（一）概述

羔羊痢疾是由B型魏氏梭菌引起的初生羔羊的一种急性毒血症，以剧烈腹泻和小肠发生溃疡为特征。

（二）技术特点

1.病原特征

该病病原为B型魏氏梭菌，分类上属于梭菌属。为厌气性粗大杆菌，革兰氏染色阳性，能产生芽胞，在羊体内能产生多种毒素。其繁殖体一般的消毒药即可杀死，而芽胞则有较强的抵抗力，可在土壤中存活多年。

2.流行特点

本病主要危害7日龄以内的羔羊，其中，以2～3日龄的发病最多，7日龄以上的很少发病。传染途径主要是消化道，病原菌通过羔羊吮乳、饲养员的手和羊的粪便而进入羔羊消化道。也可能通过脐带或创伤感染。在外界不良诱因如母羊怀孕期营养不良、羔羊体质瘦弱、气候寒冷、羔羊受冻、哺乳不均、羔羊饥饱不匀，羔羊抵抗力减弱时，细菌大量繁殖，产生毒素而发病。发病率和死亡率均很高，可使羔羊大批死亡。

3.临床症状

羔羊痢疾潜伏期为1～2天，病初精神委顿，低头拱背，不想吃奶。不久就发生腹泻，粪便恶臭，有的稠如面糊，有的稀薄如水；到了后期，有的粪便含有血液，直到成为血便。病羔逐渐虚弱，卧地不起，若不及时治疗，常在1～2天内死亡。以神经症状为主者，四肢瘫软，卧地不起，呼吸急促，口流白沫，最后昏迷，头向后仰，体温降至常温以下，常在数小时到十几小时内死亡。

4. 病理变化

尸体脱水严重，尾部被毛被稀粪玷污。胃肠有卡他性或出血性炎症，真胃黏膜部出血、水肿，小肠出血性炎症比大肠严重，肠内容物有大量气体并混有血液。病程长的肠黏膜出现溃疡和坏死，溃疡多数直径可达 1～2 毫米，溃疡周围有一出血带环绕。肠系膜淋巴结肿胀充血或出血，心内膜有时有出血点，肺充血或出现淤斑（图 6-8）。

图 6-8 羔羊痢疾肠出血炎、充气

5. 实验室检测

（1）病原学检测：采集病羊的液状稀粪和解剖尸体小肠抹片，革兰氏染色，镜检可见兰色小杆菌。

（2）病原分型检测：采集剖检病尸的小肠内容物，利用小肠内容物滤液接种小鼠，进行毒素检查和中和试验，以确定毒素存在和菌型。

6. 防治措施

（1）预防：加强母羊的饲养管理，搞好母羊的抓膘保膘，增强孕羊体质，孕后期 6 周，羔羊发育迅速，要注意营养平衡，供给优质日粮，使所产羔羊体格健壮。产羔季节注意保暖，防止羔羊受冻，保持地面干燥，通风良好，光照充足。让羔羊及早吃到初乳，合理哺乳，避免饥饱不均。产羔圈舍保持清洁卫生，经常消毒，注意通风排气，保温，干燥防湿。疫区每年秋季注射羔羊痢疾疫苗或"羊快疫、猝狙、肠毒血症、羔羊痢疾、黑疫"五联苗，产前 2～3 周再接种 1 次。羔羊出生后 12 小时内，灌服土霉素 0.15～0.2 克，每日 1 次，连续灌服 3 天，有一定的预防效果。

（2）治疗：要细心观察，发病时，对病羔要做到及早发现，及早治疗。用敌菌净与磺胺脒 1:5 的比例混合，每千克体重 30 毫克，当羔羊生后能哺乳时投药，首次量加倍，每天服药 2 次，连续 3 天；土霉素 0.2～0.3 克，或再加胃蛋白酶 0.2～0.3 克，加水灌服，每日 2 次。对病程较长的羔羊，静脉注射 5% 或 10% 葡萄糖或生理盐水 250 毫升／只，同时给予强心类药物。

（三）案例与成效

2007 年 4 月，辽宁省锦州市某养羊户饲养的 10 多只羔羊陆续发病，特征为精神委顿，粪便带血。病羔虚弱，卧地不起，常于 1～2 天内死亡。个别羔羊表现为腹胀而不下痢，或只排少量稀粪。病羔呈现神经症状，四肢瘫软，卧地不起，口流白沫，呼吸急促，不愿吃奶，不久即下痢，粪便恶臭，有的稠如面糊，有的稀薄如水，颜色黄绿、黄白，甚至发灰，体温下降，最终昏迷，常于十几个小时内死亡。剖检见第四胃内积有凝乳块或灰绿、紫色的液体，黏膜充血、出血；小肠（尤其回肠）黏膜充血、发红、溃疡、出血；肠系膜淋巴结淤血、水肿；肝肿大，有出血斑；肾肿大，有出血点；脾肿大，出血，呈紫黑色；肺水肿，呈鲜红色。采集患病羊粪便，病死羊肝、脾以及小肠内容物等作为病料。病料及培养物涂片、染色、镜检，可见到两端钝圆、短粗的革兰氏阳性杆菌，呈单个或成双排列，有荚膜，少数能形成芽孢。根据发病情况、临床症状、病理变化、实验室诊断，诊断为羔羊梭菌性痢疾。用磺胺脒 0.5 克、鞣酸蛋白 0.2 克、次硝酸铋 0.2 克、碳酸氢钠 0.2 克，水调灌服，3 次 /天。或先灌服含 0.5% 福尔马林的 6% 硫酸镁溶液 30～60 毫升，6～8 小时后再灌服 1% 高锰酸钾溶液 10～20 毫升。在治疗的同时加强饲养管理。采取上述措施后 1～2 天，羔羊死亡率明显下降，3～4 天后停止死亡，羊群精神状态和采食逐渐恢复。

七、羊传染性胸膜肺炎

（一）概述

羊传染性胸膜肺炎又称羊支原体性肺炎，俗称"烂肺病"。是由支原体引起的羊的一种高度接触性传染病。其特征是纤维性胸膜肺炎。该病许多国家都有发生，我国饲养山羊的地区较为多见。

（二）技术特点

1. 病原特征

羊传染性胸膜肺炎的病原为多种支原体，常见的有丝状支原体山羊亚种和绵羊肺炎支原体。丝状支原体山羊亚种，属于支原体科、支原体属。丝状支原体为一细小、多形性微生物，革兰氏染色阴性，用姬姆萨氏法、卡斯坦奈达氏法或美蓝染色法着色良好。丝状支原体山羊亚种对理化因素的抵抗力弱，对红霉素高度敏感，四环素也有较强的抑菌作用，但对青霉素、链霉素不敏感；而绵羊肺炎支原体则对红霉素不敏感（图6-9）。

2. 流行特点

在自然条件下，丝状支原体山羊亚种只感染山羊，3 岁以下的山羊最易感染，而绵羊肺炎支原体则可感染山羊和绵羊。病羊和带菌羊是本病的主要传染源。本病常呈地方流行性，接触传染性很强，主要通过空气—飞沫经呼吸道传染。阴雨连绵，寒冷潮湿，羊群密集、拥挤等因素，易于发病。多发生在山区和草原，主要见于冬季和早春枯草季节，羊只营养缺乏，容易受寒感冒，因而机体抵抗力降低，较易发病，发病后病死率也较高，呈

图 6-9 肺实质肝变

地方流行。冬季流行期平均为 15 天，夏季可维持 2 个月以上。

3. 临床症状

潜伏期平均18～20天。病初体温升高，精神沉郁，食欲减退，随即咳嗽，流浆液性鼻漏。4～5 天后咳嗽加重，干咳而痛苦，浆液性鼻漏变为黏脓性，常黏附于鼻孔、上唇，呈铁锈色。病羊多在一侧出现胸膜肺炎变化，肺部叩诊有实音区，听诊肺呈支气管呼吸音或呈摩擦音，触压胸壁，羊表现敏感、疼痛。病羊呼吸困难，高热稽留，眼睑肿胀，流泪或有黏液—脓性分泌物，腰背拱起作痛苦状。怀孕母羊可发生流产，部分羊肚胀腹泻，有些病例口腔溃烂，唇部、乳房等部位皮肤发疹。病羊在濒死前体温降至常温以下，病期多为 7～15 天。

4. 病理变化

病变多局限于胸部。胸腔常有淡黄色积液，暴露于空气后其中的纤维蛋白易于凝固。病理损害多发生于一侧，常呈纤维蛋白性肺炎，间或为两侧性肺炎。肺实质肝变，切面呈大理石样变化。肺小叶间质变宽，界限明显。血管内常有血栓形成。胸膜增厚而粗糙，常与肋膜、心包膜发生粘连。支气管淋巴结、纵膈淋巴结肿大，切面多汁并有出血点。心包积液，心肌松弛、变软。肝脏、脾脏肿大，胆囊肿胀。肾脏肿大，被膜下可见有小点出血。病程久者，肺肝变区肌化，结缔组织增生，甚至有包囊化的坏死灶。

5. 实验室检测

（1）病原检查：无菌采集急性病例肺组织、胸腔渗出液等作为病料，涂片姬姆萨氏法、瑞氏法或美蓝染色法染色镜检可见到无细胞壁，故呈杆状、丝状、球状等多形态特性菌体。

分离培养病料接种于血清琼脂培养基，37℃培养 3～6 天，长出细小、半透明、微黄褐色的菌落，中心突起呈"煎蛋"状，涂片染色镜检，可见革兰氏染色阴性、极为细小的多形性菌体。也可用液体培养基进行分离培养，于培养基中加入特异性抗血清进行生长抑制试验，鉴定病原。

（2）血清学诊断：常用的方法有琼脂免疫扩散试验、玻片凝集试验和荧光抗体试验。

6. 防治措施

（1）预防：提倡自繁自养，新引入的山羊，至少隔离观察 1 个月，确认无病后方可混群。保持环境卫生，改善羊舍通风条件，经常用百毒杀 1000 倍液对羊舍及四周环境喷雾消毒。做好免疫，对疫区的假定健康羊接种疫苗，我国目前羊传染性胸膜肺炎疫苗有用丝状支原体山羊亚种制造的山羊传染性胸膜肺炎氢氧化铝苗、鸡胚化弱毒苗和绵羊肺炎支原体灭活苗，可根据当地病原体的分离结果，选择使用。

（2）疫情处置：发病羊群应进行封锁，及时对全群进行逐头检查，对病羊、可疑病羊和假定健康羊分群隔离和治疗；对被污染的羊舍、场地、饲管用具和病羊的尸体、粪便等进行彻底消毒或无害化处理。

（3）治疗：使用新砷凡纳明"914"治疗、预防本病有效。5 个月龄以下羔羊0.1～0.15克，5 个月龄以上羊 0.2～0.25 克，用灭菌生理盐水或 5% 葡萄糖盐水稀释为 5% 溶液，一次静脉注射，必要时间隔 4～9 天再注射 1 次。可试用磺胺嘧啶钠注射液，皮下注射，每天1 次；病的初期可使用氟苯尼考按每千克体重 20～30 毫克肌肉注射，每天 2 次，连用 3～5

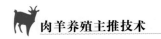
天；酒石酸泰乐菌素每天每千克体重6～12毫克肌肉注射，每天2次，3～5天为1个疗程。也可使用强力霉素治疗，效果明显。

第三节　肉羊常见寄生虫病防治技术

一、羊血吸虫病防治技术

（一）概述

羊血吸虫病是日本血吸虫寄生在羊门静脉、肠系膜静脉和盆腔静脉内，引起贫血、消瘦与营养障碍的一种寄生虫病。日本血吸虫病是互源性人兽共患的寄生虫病，流行因素包括自然、地理、生物和社会因素，错综复杂。宿主除人外，自然感染日本血吸虫病的动物有牛、山羊、绵羊、马、驴、骡、猪、犬、猫和野生动物，近40多种，几乎各种陆生动物均可感染，而且人与动物之间可以互相传播。

（二）技术特点

1. 病原特征

病原为日本血吸虫，为雌雄异体（图6-10）。雄虫呈乳白色，短粗，虫体长10～22毫米，宽0.5～0.55毫米，向腹面弯曲，呈镰刀状。体壁从腹吸盘到尾由两侧面向腹面卷曲，形成抱雌沟，雌雄虫体常呈抱合状态。雌虫细长，长12～26毫米，宽0.1～0.3毫米。子宫内含有50～300个虫卵，虫卵呈短卵圆形，淡黄色，无卵盖。

日本血吸虫多寄生于肠系膜静脉，有的也见于门静脉，雄雌虫交配后，雌虫产出的虫卵堆积于肠壁微血管，借助堆积的压力和卵内毛蚴分泌的溶组织酶，使虫卵穿过肠壁进入肠腔，随粪便排出体外。

图6-10 日本血吸虫

虫卵落入水中，在25～30℃温度下很快孵出毛蚴。毛蚴从卵内出来在水中自由游动，当遇到中间寄主椎实螺，钻入钉螺内，经6～8周，发育成胞蚴、子胞蚴，形成尾蚴。尾蚴离开螺体在水中游动，遇到终末宿主后，借助于穿刺腺分泌的溶组织酶，从皮肤进入皮下组织的小静脉内，随血液循环在门静脉发育为成虫，然后移居到肠系膜静脉（图6-11）。

2. 临床症状

病羊多表现慢性经过，只有突然感染大量尾蚴时，才表现急性发病。急性型病畜表现体温升高，呈不规则的间歇势。精神沉郁，倦怠无力，食欲减退。呼吸困难，腹泻，粪中混有黏液、血液和脱落的黏膜。腹泻加剧者，出现水样便，排粪失禁。常大批死亡。慢性型病畜表现为间歇性下痢，有时粪中带血。可视黏膜苍白，精神不佳，食欲下降，日渐消瘦，颌下及腹下水肿。幼畜发育不良，孕畜易流产。

3. 病理变化

病畜尸体消瘦，贫血，腹水增加。病初肝脏肿大，后期萎缩硬化，肝表面和切面有粟粒至高粱粒大、灰白色或灰黄色结节。严重时肠壁、肠系膜、心脏等器官可见到结节。大肠，尤其是直肠壁有小坏死灶、小溃疡及瘢痕。在肠系膜血管、肠壁血管及门静脉中可发现虫体。

4. 检测技术

（1）病原学检查。直接虫卵检查法：于载玻片滴上生理盐水，用竹签挑取粪便少许，直

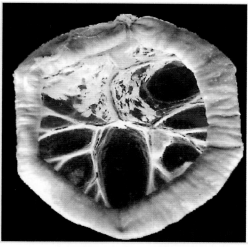

图 6-11 日本血吸虫病小肠及肠系膜病变

接涂片，置显微镜下检查虫卵；或取新鲜粪便 20 克，加清水调成浆，用 40～60 目铜筛网过滤，滤液收集在 500 毫升烧杯中，静置 30 分钟，倾去上清液，加清水混匀，静置 20 分钟，倾去上清液，反复几次，沉碴涂片检查虫卵。

孵化法：取新鲜粪便 30 克，加清水调成浆，用 40～60 目铜筛网过滤，滤液收集在 500 毫升烧杯中，静置 30 分钟，倾去上清液，加清水混匀，静置 20 分钟，倾去上清液，反复几次，将沉碴置于 250 毫升三角烧杯中，加清水至瓶口，置于 25～30℃下孵化，每隔 3 小时、6 小时、12 小时观察一次，检查有无毛蚴出现。

（2）变态反应检查。用成虫抗原皮内注射 0.03 毫升，15 分钟后，检查有无出现丘疹，丘疹直径 8 毫米以上者为阳性。

（3）血清学检查。环卵沉淀法：取载玻片一个，加受检者血清 2 滴，再加虫卵悬液 1 滴（100 个左右虫卵），加盖玻片，周围用石蜡密封，置 37℃ 孵育 48 小时，在高倍显微镜下检查，卵周围出现泡状、指状或带状沉淀物，并有明显折光且边缘整齐，即为阳性反应卵。阳性反应卵占全片虫卵的 2% 以上时，即判为阳性。此外还有间接血凝、酶联免疫吸附试验、免疫电泳试验等方法。

5. 防治措施

根据该病原特点、发育过程及流行特点采用下述措施。

（1）治疗病畜。驱血吸虫药物有以下几种。

硝硫氰胺剂量按每千克体重 4 毫克，配成 2%～3% 水悬液，颈静脉注射。

吡喹酮剂量按每千克体重 30～50 毫克，1 次口服。

六氯对二甲苯剂量按每千克体重 200～300 毫克，灌服。

（2）杀灭中间宿主。结合水土改造工程，排除沼泽地和低洼牧场的水，利用阳光暴晒，杀死螺蛳。也可用五万分之一的硫酸铜溶液或百万分之二点五的血防 67 对椎实螺进行浸杀或喷杀。

（3）安全用水。选择无螺水源，实行专塘用水，以杜绝尾蚴的感染。

（4）预防驱虫。在 4 月、5 月份和 10 月、11 月份定期驱虫，病羊要淘汰。

（5）无害化处理粪便。疫区内粪便进行堆肥发酵和制造沼气，既可增加肥效，又可杀灭虫卵。

（6）人畜同步查治。对人和家畜按时检查，及时治疗。

（三）案例与成效

安徽省桐城市 2000 年对人、畜进行血吸虫病检查，人、畜感染率分别为 1.5% 和 45.45%。同时对水库干渠、河滩钉螺进行调查，钉螺最高密度 1031 只 /0.11 平方米，活螺平均密度 214 只 /0.11 平方米，疫情十分严重。迅速采取综合防治措施：一是检查治疗。对人群开展血检，血检阳性者再开展粪便检查虫卵，并一年驱虫一次。对家畜进行粪便检查，在秋季普遍进行一次驱虫，第二年春季对粪检阳性家畜再治疗一次。二是渠道清淤、环改灭螺及药物灭螺。三是饮用井水，厕所改成三隔式，粪便经发酵杀虫后使用。四是有螺地带禁止放牧，改放牧为舍饲。至 2003 年，人感染率由 1.53% 降至 0%，家畜感染率由 45.45% 降至 2.1%，钉螺感染率由 0.176% 下降到 0.0085%。疫情得到有效控制。

二、羊东毕吸虫病防治技术

（一）概述

羊东毕吸虫病是由东毕属的各种吸虫寄生于羊肠系膜静脉和门静脉中引起的一种疫病。东毕吸虫病呈世界性分布，亚洲的印度、蒙古、伊拉克、哈萨克斯坦和欧洲的俄罗斯、法国等国，我国的 20 个省市自治区均有此病发生，是一种危害十分严重的人兽共患寄生虫病。除羊感染外，黄牛、水牛、马、驴、猫、兔、骆驼和马鹿等都可感染，人也能感染。人感染尾蚴后，发生尾蚴性皮炎。东毕吸虫病对羊危害相当严重，其流行与中间宿主椎实螺关系相当密切，每次大流行都是由于降雨量大，造成外洪内涝，草原积有大量水，为螺提供了繁衍的良好环境，导致牛、羊东毕吸虫病大面积暴发。

（二）技术特点

1. 病原特征

东毕吸虫病的病原主要是土耳其斯坦东毕吸虫，在我国分布最广。东毕吸虫为雌雄异体，雄虫乳白色，体长 4.0 ～ 8.0 毫米，宽 0.36 ～ 0.42 毫米，在腹吸盘之后体壁向腹面卷曲，形成抱雌沟，雌雄虫体常呈抱合状态。雌虫呈暗褐色，体长 3.65 ～ 8.0 毫米，宽 0.07 ～ 0.11 毫米。子宫内常只有一个椭圆形虫卵，棕黄色，一端钝圆，另一端较尖，尖的一端有一卵盖（图 6-12）。

东毕吸虫成虫寄生于家畜的门静脉及肠系膜静脉中，产出的虫卵一部分随血流进入肝脏，堆积在一起形成结节，被结缔组织包埋钙化死亡。或由虫卵分泌的溶组织酶使结节破溃，虫卵再随血流、胆汁进入小肠。一部分虫卵由于重力下降至肠黏膜血管聚集成堆，阻塞血管，使血管内血流阻滞而管腔扩大，由于腹内压力改变，肠肌收缩，加上虫卵内毛蚴分泌的溶组织酶作用使肠壁组织破坏，虫卵落入肠腔，随粪便排出体外。虫卵落入水中，在适宜的条件下很快孵出毛蚴，毛蚴在水中游动，遇到中间宿主椎实螺类，即钻入其体内，经胞蚴、子胞蚴发育到成熟的尾蚴，尾蚴离开中间宿主进入水中。当羊到水中吃草、饮水时，便从皮肤钻入其体内。随血流到门静脉和肠系膜静脉发育为成虫。

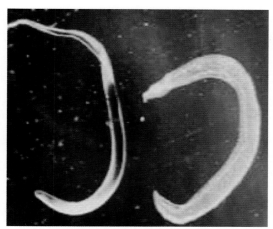

图 6-12 土耳其斯坦东毕吸虫

2. 临床症状

本病多为慢性经过，个别情况下出现急性病例。急性型常发生在幼龄羊或从外地新引进的羊，主要是由于突然感染大量的尾蚴后发生。病羊表现为发热、食欲减退，呼吸促迫，下痢，消瘦。可造成大批死亡，耐过后转为慢性。慢性型表现为消瘦，可视黏膜苍白，略有黄染。下颌及腹部多有不同程度的水肿，腹围增大。长期腹泻，粪便中混有黏液，幼龄羊生长缓慢，孕羊容易流产。

3. 病理变化

患病尸体明显地消瘦，贫血，腹腔内有大量的腹水。感染数千条虫体以上的病例其肠黏膜及大网膜均有明显的胶冻样浸润。在肠黏膜上有出血点或坏死灶，肠系膜淋巴结水肿。肝脏质地变硬，表面凸凹不平，散布着大小不等的灰白色虫卵结节。肠系膜静脉和门静脉内可发现线状虫体。

4. 检测技术

东毕吸虫虫卵较少，在感染的情况下，从粪便不易检查到虫卵，通常根据死后病理变化和寄生数量进行诊断。

粪便检查则采用毛蚴孵化法：取新鲜粪便 100 克，置于 500 毫升烧杯中，加清水搅拌均匀，用 40～60 目铜筛过滤，滤液放入 500 毫升三角烧杯中，静置 30 分钟，倾去上清液，沉碴再用清水冲洗，如此反复 3～5 次，至上层液体清澈为止。（当水温在 15℃ 以上时，第一次换水后，改用 1.0% 的盐水洗粪，如水温在 18℃ 以上时，全部洗粪和沉淀用水均用 1.0% 的盐水。）倾去上清液，将沉碴移入 250 毫升三角烧杯中，加温水至距瓶口 0.5～1 毫米处，调 pH 值为 7.5～7.8，置于 22～28℃ 进行孵化。孵化后 30 分钟、1 小时各观察 1 次，以后每 2～3 小时观察 1 次，直至 24 小时为止。如见到毛蚴在液面下做平行直线游泳则为阳性。此时用吸管吸取置于载玻片上，在显微镜下识别。

5. 防治措施

根据该病原特点、发育过程及流行特点采用下述措施。

（1）治疗病畜：选用驱虫药物要以高效、低毒、副作用小为原则，当前常用的药物有以下几种。

吡喹酮按每千克体重 30～50 毫克，1 次口服或按每千克体重 20～40 毫克肌肉注射。

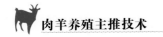

硝硫氰胺按每千克体重 4 毫克，配成 2%～3% 水悬液，颈静脉注射。

（2）无害化处理粪便：患畜粪便中含有很多虫卵，要将粪便堆积发酵，杀死虫卵。特别是驱虫后排出的粪便，更要严格管理，不要随地排放。

（3）杀灭中间宿主：排除沼泽地和低洼牧场的水，利用阳光暴晒，杀死螺蛳；也可用五万分之一的硫酸铜溶液或百万分之二点五的血防 67 对椎实螺进行浸杀或喷杀。

（4）禁止羊与污水接触：在流行地区，保持羊饮用水清洁卫生，尽量饮用自来水、井水或流动的河水等清洁的水，不让羊饮用池塘、沼泽、水潭及沟渠里的脏水和死水。

（三）案例与成效

1989 年 9～11 月，吉林省长岭县，17 个乡镇的羊群相继出现以腹泻、消瘦、脱水为特征的疫病。发病率 58.3%，死亡率 9.7%。病羊表现精神沉郁，食欲减退，排稀便，结膜苍白，下腹增大，逐渐消瘦，后期卧地不起而死亡。剖检见，肝表面凸凹不平，质硬，有灰白色结节。切开肝脏可见小血管内被虫体充塞。大小肠壁增厚，表面粗糙不平，切开有棕黄色的或黄褐色结节。肠系膜血管、门静脉、肝切面用手挤出物水洗沉淀后，可见线形、乳白色 3.95～5.79 毫米长的虫体。确诊为羊东毕吸虫病。对发病羊群用吡喹酮注射液按每千克体重 20 毫克深层肌肉分点注射，结果出现临床症状的羊治愈率为 99.1%，无症状羊均未发病。

三、羊肝片吸虫病防治技术

（一）概述

羊肝片吸虫病又称肝蛭病，是一种发生较普遍、危害很严重的寄生虫病。是由虫体寄生于肝脏胆管内引起慢性或急性肝炎和胆管炎，同时，伴发全身性中毒现象及营养障碍，导致羊生长发育受到影响，毛、肉品质显著降低，大批肝脏废弃，甚至引起大量羊只死亡，造成严重损失。羊肝片吸虫分布广泛，流行于全世界，以中南美洲、欧洲、非洲及前苏联较常见。我国各地均有发生，分布极广，多呈地方性流行。低洼和沼泽地区，多雨时期易暴发流行。动物感染率甚高，一般羊群感染率为 30%～50%，个别严重的羊群可高达 100%，成为牧区羊病死的重要原因。

（二）技术特点

1. 病原特征

本病病原为肝片吸虫和大片吸虫。肝片吸虫虫体呈扁平叶状，长 20～35 毫米，宽 5～13 毫米（图 6-13）。自胆管内取出的新鲜活虫为棕红色，固定后呈灰白色。虫卵呈椭圆形，黄褐色，前端较窄，后端较钝。大片吸虫成虫呈长叶状，长 33～76 毫米，宽 5～12 毫米。虫卵呈深黄色。

肝片吸虫与大片吸虫在发育过程中，要通过中间宿主多种椎实螺（小土蜗、截口土蜗、椭圆萝卜螺及耳萝卜螺）。成虫阶段寄生在绵羊和山羊的肝脏胆管中。

虫卵随粪便排到宿主体外，在温度为 15～30℃，而且水分、光线和酸碱度均适宜时，经过 10～25 天孵化为毛蚴。毛蚴周身被有纤毛，能借助纤毛在水中迅速游动。当遇到椎实螺时，即钻入其体内进行发育。毛蚴脱去其纤毛表皮以后，生长发育为胞蚴。胞蚴呈袋状，经 15～30 天而形成雷蚴，每个胞蚴的体内可以生成 15 个以上的雷蚴。雷蚴突破胞蚴外出，在螺体内继续生长。在此同时，雷蚴体内的胚细胞进行发育，一般雷蚴的胚细胞直接发育为尾蚴，有时则经过仔雷蚴阶段发育成尾蚴。

发育完成的尾蚴，由雷蚴体前部的生殖孔钻出，以后再钻出螺体而游入水中。由毛蚴变态发育到尾蚴都是在螺体（中间宿主）内进行，一般需要 50～80 天。

尾蚴在水中作短时期游动以后，附着于草上或其他东西上，或者就在水面上脱去尾部，很快形成囊蚴。当健康羊吞入带有囊蚴的草或饮水时，即感染片形吸虫病，囊蚴的包囊在消化道中被溶解，蚴虫即转入羊的肝脏和胆管中，逐渐发育为成虫。

羊由吞食囊蚴到粪便中出现虫卵，通常需 89～116 天。成虫在羊的肝脏内能够生存 3～5 年。

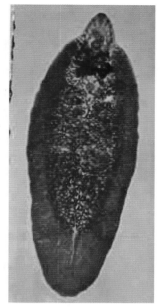

图 6-13 肝片吸虫

2. 临床症状

症状的表现程度，根据虫体多少、羊的年龄以及感染后的饲养管理情况而不同。对于绵羊来说，当虫体达到 50 个以上时才会发生显著症状，年龄小的羊症状更为明显。在临床上可分为急性型和慢性型。

急性型：多见于秋季，表现是体温升高，精神沉郁，食欲废绝，偶有腹泻。肝脏叩诊时，半浊音区扩大，敏感性增高。病羊迅速贫血。有些病例表现症状后 3～5 天发生死亡。

慢性型：最为常见，可发生在任何季节。病的发展很慢，一般在 1～2 个月后体温稍有升高，食欲略见降低。眼睑、下颌、胸下及腹下部出现水肿。病程继续发展时，食欲趋于消失，表现卡他性肠炎，因之黏膜苍白，贫血剧烈。由于毒素危害以及代谢障碍，羊的被毛粗乱，无光泽，脆而易断，有局部脱毛现象。3～4 个月后水肿更为剧烈，病羊更加消瘦。孕羊可能生产弱羔，甚至生产死胎。如不采取医疗措施，最后常发生死亡。

3. 病理变化

主要见于肝脏，其次为肺脏。有肝脏病变者为 100%，有肺脏病变者只占 35%～50%。器官的病变程度因感染程度不同而异。受大量虫体侵袭的患羊，肝脏出血和肿大，其中，有长达 2～5 毫米的暗红色索状物，挤压切面时，有污黄色的黏稠液体流出，液体中混杂有幼龄虫体。因感染特别严重而死亡者，可见有腹膜炎，有时腹腔内有大量出血，黏膜苍白。

慢性病例，肝脏增大更为剧烈，到了后期，受害部分显著缩小，呈灰白色，表面不整齐，质地变硬，胆管扩大，充满着灰褐色的胆汁和虫体。切断胆管时，可听到"嚓！嚓！"之声。由于胆管内胆汁积留与胆管肌纤维的消失，引起管道扩大及管壁增厚，致使灰黄色的索状出现于肝的表面（图 6-14）。

4.检测技术

（1）粪便虫卵检查。漂浮沉淀法：采取新鲜羊粪便3克，放在玻璃杯内，注满饱和盐水，用玻璃棒搅拌成均匀的混悬液，静置15～20分钟。除去浮于表面的粪渣，吸去上清液，在杯底留20～30毫升沉渣。向沉渣中加水至满杯，用玻璃棒搅拌。混悬液用40～60目筛子过滤，使滤液静置5分钟，吸去上清液，于底部留15～20毫升沉渣。将沉渣移注于锥形小杯，混悬液在锥形小杯中静置3～5分钟，然后吸去上清液，

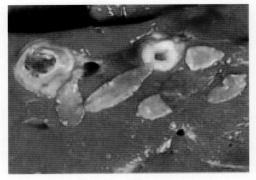

图6-14 羊肝片吸虫肝病变

如此反复操作2～3次。最后将沉渣涂在载玻片上进行镜检。

水洗沉淀法：直肠取粪5～10克，加入10～20倍清水混匀，用纱布或40～60目筛子过滤。滤液经静置或离心沉淀，倒去上层浑浊液体并再加入清水混匀沉淀，反复进行2～3次，直至上层液体清亮为止，最后倒去上层液体，吸取沉淀物涂片进行镜检。

肝片吸虫卵呈长卵圆形，金黄色，大小为（66～82）微米×（116～132）微米。

（2）免疫检测。可采用沉淀反应、补体结合反应、免疫电泳、间接血凝试验、酶联免疫吸附实验和免疫荧光试验等免疫诊断方法，在急性期虫体在肝脏组织中移行时和异位寄生时可取得较好的诊断效果。

5.防治措施

为了消灭片形吸虫病，要采取"预防为主"综合防治措施。

（1）加强管理：不在沼泽、低洼潮湿牧场上放牧。保持羊饮用水清洁卫生，尽量饮用自来水、井水或流动的河水等清洁的水，不让羊饮用池塘、沼泽、水潭及沟渠里的脏水和死水，防止健羊吞入囊蚴。实行轮牧，将草场划分为几个区，轮回放牧。

（2）定期驱虫：驱虫是预防本病的重要方法之一，一般是每年进行1次，可在秋末冬初进行。对染病羊群，每年应进行3次，第一次在大量虫体成熟之前20～30天，第二次在第一次以后的5个月，第三次在第二次以后的2～2.5个月。不论在什么时候发现羊患本病，都要及时进行驱虫。

（3）粪便处理：对羊的粪便要进行堆积发酵，杀死其中虫卵。对于施行驱虫的羊只，必须圈留5～7天，不让乱跑，对这一时期所排的粪便，更应严格进行消毒。对于被屠宰羊的肠内容物进行无害化处理。

（4）加强检疫：加强兽医卫生检验工作。对检查出感染的肝脏，应该全部废弃。

（5）消灭中间宿主：肝片吸虫的中间宿主椎实螺生活在低洼阴湿地区，可结合水土改造，通过兴修水利、填平改造低洼沼泽地，以破坏螺蛳的生活条件。排除沼泽地和低洼的牧地的积水，利用阳光暴晒的力量杀死螺蛳。也可用五万分之一的硫酸铜溶液或百万分之二点五的血防67对浸杀或喷杀进行椎实螺。

（6）及时治疗：经过粪便检查确实诊断出患病的羊只，应及时驱虫治疗。有效驱虫药的种类很多，可根据当时当地情况选用。

丙硫咪唑按每千克体重 5 ～ 15 毫克，口服。对驱除肝片吸虫成虫有良效。

丙硫苯唑按每千克体重 10 毫克，口服。对成虫的驱虫率可达 99%。

硝氯酚（拜耳 9015）按每千克体重 4 ～ 5 毫克，口服。驱成虫有高效。

肝蛭净按每千克体重 10 毫克，配成 5% 的悬液灌服。对童虫和成虫均有良效。

蛭得净按千克体重 12 毫克，口服。对成虫和童虫均有效。

羟氯柳胺按每千克体重 15 毫克，口服。驱成虫有高效。

碘醚柳胺按每千克 7.5 毫克，口服。驱除成虫和 6 ～ 12 周的未成熟肝片吸虫都有效。

双酰胺氧醚按每千克重 7.5 毫克，口服。对 1 ～ 6 周龄肝片吸虫幼虫有高效，用于治疗急性肝片吸虫病。

硫双二氯酚（别丁）按每千克体重 80 ～ 100 毫克，口服。对驱除成虫有效，驱虫率高达 98.7% ～ 100%，对 14 ～ 28 日龄的童虫无效。

（三）案例与成效

2006 年 10 月，甘肃省肃南县某养殖户饲养的 281 只绵羊，突然有 5 只羊不明原因死亡，大多数羊精神沉郁，食欲减退，虚弱，有腹泻，眼睑、下颌水肿，可视黏膜苍白，体温 40℃。经调查，该牧户长期在潮湿牧地和沼泽地带放牧。根据流行特点、临床症状和剖检，确认为肝片吸虫病。用丙硫咪唑按每千克体重 30 毫克一次口服进行驱虫。对驱虫后排出的粪便，每天清除后进行堆积发酵。对沼泽牧场，用 0.01% 硫酸铜溶液喷洒。

经上述处理后使这次疫情得到了控制。

四、羊螨病防治技术

（一）概述

羊螨病又称羊疥癣，是由疥螨和痒螨寄生于皮肤，引起患羊发生剧烈痒感以及各种类型的皮肤炎症为特征的寄生虫病。螨病是绵羊主要体外寄生虫之一，发病率达到 20% ～ 30%，严重的高达 100%。该病是由于健畜接触患畜或通过有螨虫的畜舍、用具和工作人员的衣物等而感染，犬及其他动物也可以成为传播媒介。主要发生于秋末、冬季和初春，尤其是阴雨天气，蔓延快，发病剧烈（图 6-15）。

（二）技术特点

1. 病原特征

羊螨病的病原是螨，分为痒螨和疥螨两类。羊痒螨寄生在皮肤的表面，成虫为椭圆形，假头呈圆椎形。虫体大小 0.5 ～ 0.9 毫米，有 4 对细长的足。疥螨寄生在皮肤角质层下，成虫呈圆形，大小为 0.2 ～ 0.5 毫米，浅黄色，体表有大量小刺，虫体腹面前部和后部各有两对粗短的足。

螨终生寄生在羊身上，痒螨雌虫在羊毛之间的寄生部位产卵，一个雌虫一生能产 90 ～ 100 个卵。卵经 3 ～ 4 天孵化出六脚幼虫，幼虫经 2 ～ 3 天变为若虫。若虫蜕 2 次皮后，再过3～4天变成成虫，全部发育过程需10～11天。疥螨雌虫在皮下产卵，一个雌虫一生能产20～40个卵。卵经3～7天孵化成六脚幼虫，再经数日变成小疥虫，以后发育为成虫，全部发育过程需15～20天。

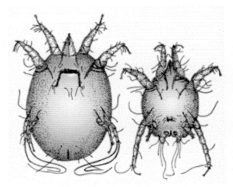

图 6-15 螨虫

2. 典型症状

患羊主要表现为剧痒、消瘦、皮肤增厚、龟裂和脱毛(图6-16)。绵羊的螨病一般都为痒螨所侵害，病变首先在背及臀部毛厚的部位，以后很快蔓延到体侧。患部皮肤开始出现针头大至粟粒大结节，继而形成水疱脓疱，渗出浅黄色液体，进而形成结痂。病羊皮肤遭到破坏、增厚、龟裂及脱毛。山羊螨病一般为疥螨所侵害，但山羊螨病少见。山羊疥螨首先发生于鼻唇、耳根、腔下、鼠蹊部、乳房及阴囊等皮肤薄嫩、毛稀处。患螨病羊烦躁不安，终日啃咬和摩擦患部，影响正常的采食和休息，日渐消瘦，最终可极度衰竭而死亡。

3. 实验室检测

(1) 直接检查：刮取前剪毛，用经过火焰消毒的凸刃小刀涂上50%甘油水溶液，使刀刃与皮肤表面垂直，在皮肤的患部与健康部交界处刮取皮屑，一直刮到皮肤轻微出血为止。将刮取的皮屑弄碎，放在培养皿内或黑纸上，在日光下暴晒，或用热水、炉火等对皿底或黑纸底面加温至40～50℃，经30～40分钟后，将痂皮轻轻移走，用肉眼或利用放大镜观察螨虫移动。

(2) 显微镜镜检：将刮取的皮屑，直接涂在载玻片上，滴加液体石蜡或含50%甘油的生理盐水，置低倍显微镜下观察活螨虫。

(3) 沉淀法：将刮取的皮屑放入试管中，加入10%的氢氧化钠溶液，浸泡过夜（如急待检查可在酒精灯上煮沸10分钟），取沉渣镜检。

(4) 漂浮法：刮取较多量的皮屑放入试管中，加入10%的氢氧化钠溶液，浸泡过夜（如急待检查可在酒精灯上煮沸10分钟）取沉渣，向沉渣中加入60%硫代硫酸钠溶液，直立静置10分种后待虫体上浮，取表层液镜检。

4. 防治措施

采取"预防为主、以检促防、防治结合"的原则。

畜舍要宽敞、干燥、透光、通风良好，羊群密度适宜（0.8～1.2平方米/只）。

畜舍要经常清扫，保持清洁，防止犬和其他带螨动物进入羊舍。定期消毒畜舍和饲养管理用具（至少每两周一次）。可用0.5%敌百虫水溶液喷洒墙壁、地面及用具，或用80℃以上的20%热石灰水洗刷畜舍的墙壁和柱栏，

图 6-16 羊螨病皮肤病变

消灭环境中的螨。

每年春、秋两季定期进行药浴或预防性药物驱虫，可取得预防与治疗的双重效果。

对羊只定期检疫，经常巡视羊群，注意观察羊群中有无发痒、掉毛现象。可疑羊只马上隔离、检查、确诊、治疗。

及时治疗病羊。可采取涂药疗法、药浴疗法、注射疗法。

涂药疗法：用新灭癞灵稀释成 1% ～ 2% 的水溶液，以毛刷蘸取药液刷拭患部。因为虫体主要集中在病灶的外围，所以一定要把病灶的周围涂上药，并要适当超过病灶范围。另外当患部有结痂时，要反复多刷几次，使结痂软化松动，便于药液浸入，以杀死痂内和痂下的虫体和虫卵。也可选用 0.05% 的辛硫磷、螨净或溴氰菊酯乳剂（每 100 毫升乳剂对水 10 千克）进行治疗。

药浴疗法：用药浴液对羊只体表进行洗浴，以杀死或预防体表寄生虫如疥癣、虱、蜱等。该法适用于病畜数量多且气候温暖的季节，一般在绵羊剪毛、山羊抓绒后 7 ～ 10 天进行。第 1 次药浴后 8 ～ 14 天应进行第 2 次药浴。药浴液可选用 0.1% ～ 0.2% 新灭癞灵、0.05% 辛硫磷或螨净进行药浴。

注射疗法：注射阿维菌素、伊维菌素，重者 7 ～ 10 天后再重复注射 1 次。

（三）案例与成效

吉林省兽医科学研究所在吉林省白城、四平、松原等地区按照"预防为主、以检促防、防治结合"的原则，在患病羊群实施了"羊群密度要合理；畜舍及用具保持清洁卫生、定期消毒；新引进羊只要隔离观察；定期进行预防性驱虫"等综合防治措施防治羊螨病，共防治羊 759 万只，使羊螨病的发病率由原来的平均 9.8% 降到 1.3%，减少感染头数 645150 只，减少死亡率 3%，较好地控制了羊螨病的流行，有效地提高了羊只的成活率，平均增加体重 4.34 千克／只，提高产毛量 0.1 千克／只，取得了近 9144 万元的经济效益。

参考文献

[1] 于大新等. 新疆家畜家禽品种志 [M]. 乌鲁木齐：新疆人民出版社，1988.

[2] 国家畜禽遗传资源委员会组编. 中国畜禽遗传资源志－羊志 [M]. 北京：中国农业出版社，2011.

[3] 田可川等. 细毛羊技术 100 问 [M]. 北京：中国农业出版社，2009.

[4] 田可川等. 绒山羊养殖技术百问百答 [M]. 北京：中国农业出版社，2012.

[5] 王大星，徐冬. 阿勒泰羊品种遗传资源调查报告 [J]. 草食家畜，2009，6（2）：38 ～ 40.

[6] 尼满，吐芽. 新疆巴音布鲁克羊现状及发展对策 [J]. 草食家畜，2009，9（3）：23 ～ 24.

[7] 窦建兵，郎辉，张建平. 萨福克、特克赛尔羊与多浪羊杂交一代羔羊育肥试验 [J]. 新疆畜牧业，2007，4：2 ～ 23.

[8] 决肯·阿尼瓦什，克木尼斯汗·加汗，海拉提等. 导入野生盘羊瘦肉基因培育巴什拜羊新品系 [J]. 新疆农业大学学报，2010，33（5）：427 ～ 430.

[9] 田可川. 新疆的细毛羊育种回顾与展望 [J]. 中国畜牧杂志（增刊），2008，18 ～ 23.

[10] 田可川，沙米，张艳花等. 中国美利奴羊（新疆型）肉用类型和其他类型的产羔统计分析 [J]. 草食家畜，2003，12（4）：1 ～ 2.

[11] 马惠海，赵玉民，鲍志鸿等. 南非肉用美利奴羊品种介绍及其前景预测 [J]. 吉林畜牧兽医，2005，1：25 ～ 26.

[12] 王伟. 湖羊种质资源的保护及开发利用（硕士学位论文）. 苏州大学，2007，11.

[13] 李拥军等. 肉羊健康高效养殖 [M]. 北京：金盾出版社，2010.

[14] 冯建忠. 羊繁殖实用技术 [M]. 北京：中国农业出版社，2004.

[15] 赵有璋. 肉羊高效益生产技术 [M]. 北京：中国农业出版社，1998.

[16] 刘金祥. 中国南方牧草 [M]. 北京：化学工业出版社，2004.

[17] 陈谷. 种草养羊手册 [M]. 北京：化学工业出版社，2010.

[18] 玉柱，贾玉山. 牧草饲料加工与贮藏 [M]. 北京：中国农业大学出版社，2010.

[19] 吴佳海等. 石漠化山区种草养羊技术开发 [J]. 草业科学，2009，26（1）：126 ～ 128.

[20] 周汉林等. 热区种草集约化养羊技术研究 [J]. 家畜生态学报，2005，26：276 ～ 80.

[21] 杨士林等. 肉羊补饲紫花苜蓿试验研究 [J]. 云南畜牧兽医（增刊），2011：23 ～ 25.

[22]王玉林，李德林等．云南高原季风气候区一年生黑麦草品种比较试验[J]．云南畜牧兽医（增刊），2008：21～23．

[23]刘志江等．适合北方种植的牧草品种[J]吉林畜牧兽医，2005，12．

[24]西北农学院主编．家畜生态学[M]．郑州：河南科学技术出版社，1985．

[25]蒋英等．中国山羊[M]．西安：陕西科学技术出版社，1985．

[26]方亚．农区山羊羊舍设计及山羊舍饲[J]．家畜生态，2004，25（4）：279～282．

[27]梁亮，刘志霄，邓凯东等．湘西山羊羊舍的改进设计[J]．中国草食动物，2005,25(2)：61～62．

[28]缪斌．楼式羊舍在山羊生产中的应用[J]．中国草食动物，2002，22(1)：461．

[29]卜春玲．半坡式暖棚羊舍的设计与推广[J]．吉林畜牧兽医，2003，03．

[30]季德联，何梨平，杨尊启等．庭院牛羊饲养技术[M]．山东：农村读物出版社，1992．

[31]贾志海，邵凯．羊场设备与建设（之二）[J]．农村实用工程技术，2002(11)：23～251．

[32]陈岩锋，谢喜平．我国畜禽生态养殖现状与发展对策[J]．家畜生态，2008，29（5）：110～112．

[33]陈邦良．浅析羊舍的标准化建设[J]．云南畜牧兽医，2009，(3)：27～28．

[34]孟繁荣，姜丽，新张杰．北方地区羊舍的设计与注意事项[J]．当代畜牧，2008，(12)：10～12．

[35]徐文福，梁红玉等．标准化养羊场建设[J]．中国畜牧兽医文摘，2012，28（2）：68～69．

[36]李志农．中国养羊学[M]．北京：中国农业出版社，1993．

[37] http://wenku.baidu.com/view/a71ec3210722192e4536f615.html

[38]赵有璋主编．羊生产学[M]．北京：中国农业出版社，2011．

[39]王建民．小尾寒羊饲养新技术[M]．济南：山东科学技术出版社，2006．

[40]王建民主编．肉羊标准化生产[M]．北京：中国农业出版社，2004．

[41]王建民主编．动物生产学[M]．北京：中国农业出版社，2002．

[42]马友记．关于推进中国肉羊全混合日粮饲喂技术的思考．家畜生态学报，2011,32(4)：9～12．

[43]江喜春,苏世广等．不同粗料全混合日粮短期育肥湖羊羔羊的效果．中国草食动物科学，2012，32（4）：7～9．

[44]闫秋良，金海国等．不同精粗比全混合日粮对育肥羔羊屠宰性能及肉品质的影响．牧草与饲料，2011，5(4)：45～47．

[45]马春萍.TMR饲养技术在中国美利奴后备公羊饲喂中的应用.新疆农垦科技，2012（7）：33～34．

[46]周光明主编．养羊关键技术［M］．成都：四川科学技术出版社，2009．

[47]邓泽高、周光明编著．肉用山羊生产综合技术［M］．成都：四川科学技术出版社，1991．

[48]赵有璋主编．现代中国养羊［M］．北京：金盾出版社，2005．

[49]关于加强无公害农产品产地认定产品认证审核工作的通知（农质安发［2009］8号）

[50]农业部、国家质量监督检验检疫局第12号令．2002．《无公害农产品管理办法》

[51]中华人民共和国国家标准（食品卫生检验方法理化部分）．北京：中国标准出版社，1996．

[52]张宏福，张子仪．动物营养参数与饲养标准．北京：中国农业出版社，1999．

[53]罗爱平，郭召媛，朱秋劲．软包装白切羊肉套装制品的生产工艺．贵州农业科学，2000，28（1）：31～33．

[54]中华人民共和国农业部．无公害食品．北京：中国标准出版社，2001．

[55]中华人民共和国农业部．无公害食品（第二批）养殖业部分．北京：中国标准出版社，2001．

[56]丁伯良主编．羊的常见病诊断图谱及用药指南［M］．北京：中国农业出版社，2008．

[57]陈怀涛主编．羊病诊疗原色图谱［M］．北京：中国农业出版社，2008．

[58]王建辰，曹光荣．羊病学［M］．北京：中国农业出版社，2002．

[59]宋天增，冯静等．绵羊胃肠炎的诊治［J］.中国草食动物，2010，30（5）：73～74．

[60]蔡福厚．绵羊瘤胃积的诊治［J］.现代畜牧兽医，2007，5：43．

[61]赵仕洋．山羊瘤胃臌胀病因及治疗措施［J］.贵州畜牧兽医，2008，32（01）：40．

[62]刘贵元．祁连县牛羊布氏杆菌病流行病学及防治情况调查［J］．青海畜牧兽医杂志，2012，42（2）：30．

[63]严勇．羊痘的防治［J］.新疆畜牧业，2004，1．

[64]刘萌萌，毕可东等．一例羊肠毒血症的诊疗报告［J］.现代农业科技，2011，20：340～342．

[65]邱涓．羊快疫的诊疗和体会［J］.福建畜牧兽医，2011，33（2）：40．

[66]晏翔宇．羔羊梭菌性痢疾的诊治报告［J］.现代畜牧兽医，2008，2：36．

[67]王生，尚殿和等．绵羊东毕血吸虫病的诊治［J］.中国兽医杂志，2000，26（6）：25．

[68]李德风，琚杰龙等.桐城市血吸虫病新疫区采取综合治理效果［J］.中国兽医寄生虫病，2007，15(2)：53～54．